农村劳动力培训阳光工程系列教材

植 保 员

丛书主编 朱启酒 程晓仙
本册主编 吴晓云 黄彦芳

科学普及出版社
·北 京·

图书在版编目（CIP）数据

植保员/吴晓云，黄彦芳主编. —北京：科学普及出版社，2012.4

农村劳动力培训阳光工程系列教材/朱启酒，程晓仙主编

ISBN978-7-110-07708-5

Ⅰ.①植… Ⅱ.①吴…②黄… Ⅲ.①植物保护—技术培训—教材 Ⅳ.①S4

中国版本图书馆 CIP 数据核字（2012）第 070429 号

策划编辑 吕建华 许 英
责任编辑 高立波
责任校对 赵丽英
责任印制 张建农
版式设计 鑫联必升

出 版 科学普及出版社
发 行 科学普及出版社发行部
地 址 北京市海淀区中关村南大街 16 号
邮 编 100081
发行电话 010-62173865
传 真 010-62179148
网 址 http://www.cspbooks.com.cn

开 本 787mm × 1092mm 1/16
字 数 202 千字
印 张 9.75
版 次 2012 年 4 月第 1 版
印 次 2012 年 4 月第 1 次印刷
印 刷 三河市国新印装有限公司

书 号 ISBN 978-7-110-07708-5/S · 509
定 价 28.80 元

农村劳动力培训阳光工程系列教材

本册编写人员

主　编　吴晓云　黄彦芳

参　编　郭　翼　段彦丽　韩　杰　何　笙　韩振芹　董　杰

审　稿　王晓梅

序

为了培养一支结构合理、数量充足、素质优良的现代农业劳动者队伍，强化现代农业发展和新农村建设的人才支撑，根据农业部关于阳光工程培训工作要求，北京市农业局紧紧围绕农业发展方式转变和新农村建设的需要，认真贯彻落实中央有关文件精神，从新型职业农民培养和“三农”发展实际出发，制定了详细的实施方案，面向农业产前、产中和产后服务和农村社会管理领域的从业人员，开展动物防疫员、动物繁殖员、畜禽养殖员、植保员、蔬菜园艺工、水产养殖员、生物质气工、沼气工、沼气管理工、太阳能工、农机操作和维修工等工种的专业技能培训工作。为使培训工作有章可循，北京市农业局、北京市农民科技教育培训中心聘请有关专家编制了专业培训教材，并根据培训内容，编写出一套体例规范、内容系统、表述通俗、适宜农民需求的阳光工程培训系列教材，作为北京市农村劳动力阳光工程培训指定教材。

这套系列教材的出版发行，必将推动农村劳动力培训工作的规范化进程，对提高阳光工程培训质量具有重要的现实意义。由于时间紧、任务重，成书仓促，难免存在问题和不妥之处，希望广大读者批评指正。

编委会

2012 年 3 月

前　言

根据农业部关于农村劳动力培训阳光工程工作的指导意见和北京市农村劳动力培训阳光工程项目实施方案要求，为了更好地贯彻落实中央有关文件精神，加大新型职业农民培养工作力度，进一步做好阳光工程植保员培训工作，特组织专业技术人员编写本教材。

本教材结合北京现代都市农业特色，详细介绍了植保员要求掌握的最新实用知识和先进技术，充分体现了以职业能力为核心的编写理念，力求满足新型农民职业技能培训与鉴定考核的需要。全书共分为4章，主要内容包括：植保员的职责、预测预报、综合防治、农药（械）使用常识等。每一章节后都安排了思考题和实训任务，供读者巩固、检验学习效果时参考使用。

本教材以《国家职业标准•农作物植保员》为依据编写，是初级和中级植保员职业技能培训与鉴定考核用书，也可供相关人员参加在职培训、岗位培训使用。本书注重行业针对性和实用性，力求做到内容浅显易懂、图文并茂，让农民朋友易于学习、掌握，相信此书会使农民朋友掌握更多的植物保护技术，成为作物的良医。

本书编写，得到了很多专家及一线工作者的大力之持，在此一并致以真诚的感谢。疏漏之处，恳请指正。

编　者

2012年2月

目 录

第一章　植保员的职责

【知识目标】

1. 了解植保员职业概况与职责所包括的内容。
2. 熟悉植保员所应了解的国内外农药使用相关法律法规；具备蔬菜、植保等专业知识和病虫害防治知识等。

【技能目标】

1. 能掌握并运用蔬菜、果树植保等专业知识和病虫害防治知识。
2. 能熟练应用国内外农药使用相关法律法规。

第一节　职业概况与职责

一、职业概况

（一）定义

农作物植保员：是指从事预防和控制有害生物对农作物及其产品的危害，保护安全生产的人员。具体地说，作为农作物植保员，应为所在农作物种植的乡、村或农作物生产的场、基地开展或组织实施农作物病、虫、草、鼠发生危害程度的调查及对其适时开展有效防治，最大限度地减少农作物产量和品质损失。

作为一名农作物植保员，首先要明确自己的职责，明确自己的工作目标，并根据工作需要掌握相应的科技知识，才能够胜任植保员的工作，有了工作目标，具备了承担任务的能力，加上具有饱满的工作热情，才能成为一名合格的农作物植保员。

（二）职业能力特征及基本文化程度

（1）具有一定的学习能力、计算能力、颜色与气味辨别能力、语言表达和分析判断能力，手眼动作协调能力。

（2）初中毕业。

（三）鉴定级别及要求

本职业共设五个等级，分别为：初级（国家职业资格五级）、中级（国家职业资格四级）、高级（国家职业资格三级）、技师（国家职业资格二级）、高级技师（国家职业资格一级）。

1．初级（具备以下条件之一者）

（1）经本职业初级正规培训达规定标准学时数，并取得毕（结）业证书。

（2）在本职业连续工作1年以上。

2．中级（具备以下条件之一者）

（1）取得本职业初级职业资格证书后，连续从事本职业工作2年以上，经本职业中级正规培训达规定标准学时数，并取得毕（结）业证书。

（2）取得本职业初级职业资格证书后，连续从事本职业工作4年以上。

（3）连续从事本职业工作5年以上。

（4）取得主管部门审核认定的，以中级技能为培养目标的中等以上职业学校本职业（专业）毕业证书。

3．高级（具备以下条件之一者）

（1）取得本职业中级职业资格证书后，连续从事本职业工作2年以上，经本职业高级正规培训达规定标准学时数，并取得毕（结）业证书。

（2）取得本职业中级职业资格证书后，连续从事本职业工作4年以上。

（3）大专以上本专业或相关专业毕业生取得本职业中级职业资格证书后，连续从事本职业工作2年以上。

4．技师（具备以下条件之一者）

（1）取得本职业高级职业资格证书后，连续从事本职业工作5年以上，经本职业技师正规培训达规定标准学时数，并取得毕（结）业证书。

（2）取得本职业高级职业资格证书后，连续从事本职业工作8年以上。

（3）大专以上本专业或相关专业毕业生，取得本职业高级职业资格证书后，连续从事本职业工作2年以上。

5．高级技师（具备以下条件之一者）

（1）取得本职业技师职业资格证书后，连续从事本职业工作3年以上，经本职业高级技师正规培训达规定标准学时数，并取得毕（结）业证书。

（2）取得本职业技师职业资格证书后，连续从事本职业工作5年以上。

二、农作物植保员的岗位职责

第一，了解农作物生产管理和病、虫、草、鼠发生情况，或从当地植保部门获取常发病虫的发生趋势预报，尽早上报防治技术方案、计划或向农户发布。

第二，观察周边农田作业情况，关注农作物生长和气候变化、定期或不定期深入田间调查，及时掌握病虫害发生状况。

第三，依据农作物不同生长期病虫害发生状况或当地植保部门发布的病虫测报信息，组织实施或指导农户及时开展病、虫、草、鼠害防治等。

第四，负责对购进和使用农药的名称、有效成分、残留期进行确认，不得使用禁用农药；做好农药使用中的安全防护措施，避免中毒事故发生和造成农作物农药残留超标。

第五，负责对种植栽培人员进行农作物种植技术及病虫害防治知识培训。

第六，负责对果树病虫害的防治所需农药、药械的使用与管理、贮存、维修，并建立管理档案。

第七，对当地突发或重大农作物疫情负责向主管部门报告和向当地农户发布，以便迅速采取控制措施。

第二节　农作物植保员的素质要求

一、思想素质

第一，拥护党的路线、方针、政策，遵纪守法，诚实公正，积极投身于社会主义新农村建设。

第二，热心并愿意从事农业技术推广与服务工作，有一定的植保技术基础知识。

第三，品德端正、诚实、勤奋敬业、责任心强。

第四，身心健康，能承受一定的工作压力，心态乐观、充满激情。

第五，了解农村植保技术现状，有农村工作经验，在农作物种植户中有威信、有号召力。

二、职业技能素质

农作物植保员是农作物生产管理中极为重要的职业，2006 年 11 月国家颁布了农作物植保员职业标准，就其初级、中级、高级 3 个级别的相应职业功能、工作内容、技能要求及其所需的相关知识做了明确阐述。作为农作物生产的乡村或基地的农作物植保员应具备初级农作物植保员的技能水平。此外，还应具备以下职业技能。

第一，熟悉当地农作物常发病、虫、草、鼠害及其天敌的发生状况，并具备其发生种类的识别知识和独立进行其发生情况的调查能力。

第二，了解综合治理的原理，熟悉并掌握综合治理的技术措施，并可根据农作物的不同生育期实施相应的农业、物理、化学、生物等防治方法。

第三，能对病虫的发生动态做出初步判断，制订生物和化学的防治技术方案，在农作物的不同生育期实施预防措施，必要时可组织实施大面积的化学防治。

第四，熟悉常用农药的种类、有效成分及剂型和使用方法；能正确配制和混用不同种类和剂型的农药；熟悉掌握杀虫剂、杀菌剂与除草剂、激素的使用技术和方法。

第五，农作物施药有特殊的器械，要熟悉掌握常用器械的使用、维护、清洗和保管常识，熟练掌握喷雾方法。

第六，能够正确执行国家有关农作物质量、食品安全、农药安全使用的政策，法律及法规，掌握绿色食品认证和质量控制体系标准及有关规定。

第七，能使用计算机查询病虫发生、防治信息等有关技术资料。

三、职业道德及相关法规

1. 农作物植保员职业守则

（1）敬业爱岗，忠于职守，立志为发展农村经济服务；

（2）认真负责，实事求是，推广农业新技术，为农发服务；

（3）勤奋好学，精益求精，关注国内外农业新技术的发展；

（4）热情服务，遵纪守法，切实维护农民的经济利益；

（5）规范操作，注意农产品质量安全，避免发生人、畜中毒事故。

2. 相关法律法规

农作物植保员在实际工作中，不仅要掌握本专业技术规程、规范、标准、方法。还要了解有关的国家政策、法律、法规，并能在实际工作中正确运用。其主要相关法律法规有《中华人民共和国农业法》、《中华人民共和国农业技术推广法》、《中华人民共和国种子法》、《中华人民共和国产品质量法》、《中华人民共和国农药管理条例》、《植物检疫条例》、《植物新品种保护条例》、《无公害农产品管理办法》及各省、自治区、直辖市颁布的相关法规。

思 考 题

1. 农作物植保员应遵守哪些职业守则？

2.《中华人民共和国农药管理条例》是哪一年颁布的？最新版《条例是》哪一年实施的？

参 考 答 案

1. 略

2. 1997 年 5 月 8 日，2001 年 11 月

第二章 预测预报

【知识目标】

1. 掌握常见园艺植物害虫的识别方法。
2. 掌握常见园艺植物病害的诊断方法。
3. 掌握病虫害调查与调查资料的整理计算方法。
4. 掌握主要农作物病虫害及天敌的识别与防治措施。

【技能目标】

1. 能识别当地主要病虫害和天敌至少50种。
2. 能对主要病虫害进行调查并对调查资料的整理计算，作出简单的预测分析。
3. 能识别当地主要作物上的重要病虫害并制定防治方案。

第一节 农作物害虫基础知识

什么是昆虫？昆虫一般是指成虫身体分头、胸、腹三段，具有六足（条腿）四个翅膀（翅），外表皮特化为体壁，有保护作用。

一、昆虫的身体构造与防治的关系

（一）昆虫的嘴巴（口器）与防治的关系

嘴巴（口器）是昆虫的取食器官。由于昆虫取食方式和食物的种类不同，口器的类型变化很大。农业害虫的口器类型主要是咀嚼式口器（图 2-1）和刺吸式口器两大类。

1. 咀嚼式口器

取食特点：取食固体食物，为害部位多、范围广，根、茎、叶、种子等，造成植物组织和器官的残缺破损。

危害状：典型的危害症状是造成各种形式的机械损伤。

（1）食叶性：开天窗、缺刻、孔洞，或将叶肉吃去，仅留网状叶脉，或全部吃光。

（2）卷叶性：将叶片卷起，然后藏匿其中危害农作物。

（3）潜叶性：断根或断茎，枯死，吐丝、缀叶等。

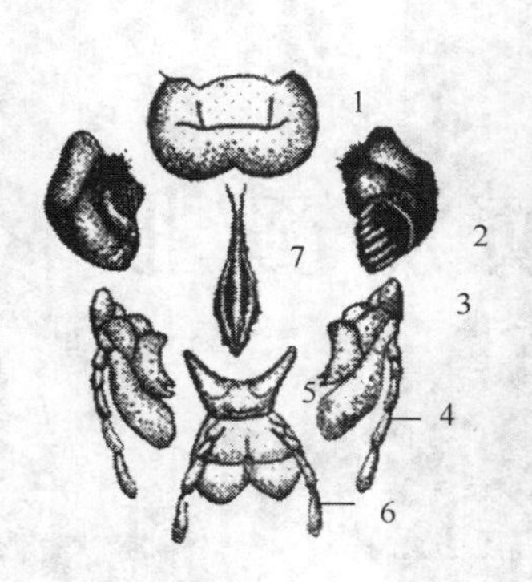

图 2-1　昆虫的咀嚼式口器

1—上唇；2—上颚；3—下颚；4—下颚须；5—下唇；6—下唇须

（4）钻蛀性：钻蛀根、茎、果等。

常见的种类有：鞘翅目（甲壳虫）的成虫、幼虫，如天牛、金龟子等；鳞翅目（蛾子、蝶）的幼虫，如刺蛾、蓑蛾等；膜翅目的幼虫，如叶蜂；直翅目的成虫、若虫，如蝗虫等。

使用药剂类型：胃毒剂、触杀剂、微生物农药。

2. 刺吸式口器

取食特点：作物组织不破碎，只造成生理伤害，如变色、斑点、皱缩、卷曲、瘿瘤等，另外还能传播植物病毒造成损失（图 2-2）。

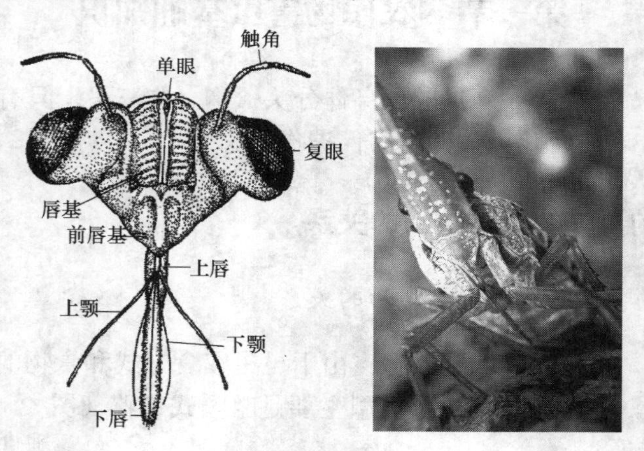

图 2-2　昆虫刺吸式口器

危害状：

（1）失绿斑点：在叶面上形成各种失绿褪色斑点，严重时黄化。

（2）畸形：叶片卷曲、皱缩等。

（3）虫瘿：如榆瘿蚜与桃瘤蚜的危害状。

（4）传播病毒病：如常见昆虫：蚜、螨、蚧、粉虱、叶蝉、网蝽、木虱、蝉、蜡蝉等。

使用药剂类型：内吸剂、触杀剂、熏蒸剂和生物制剂。

3. 其他口器类型

虹吸式口器：为鳞翅目蝶蛾类成虫所特有，其显著特点是具有一条能卷曲和伸展的喙，适于吸食花蜜。

舐吸式口器：为双翅目蝇类（例如：家蝇、花蝇、食蚜蝇）所具有。

捕吸式口器（见图 2-3）：脉翅目幼虫（例如蚁狮、蚜狮）所具有。

锉吸式口器：缨翅目昆虫虫（例如蓟马）所具有。

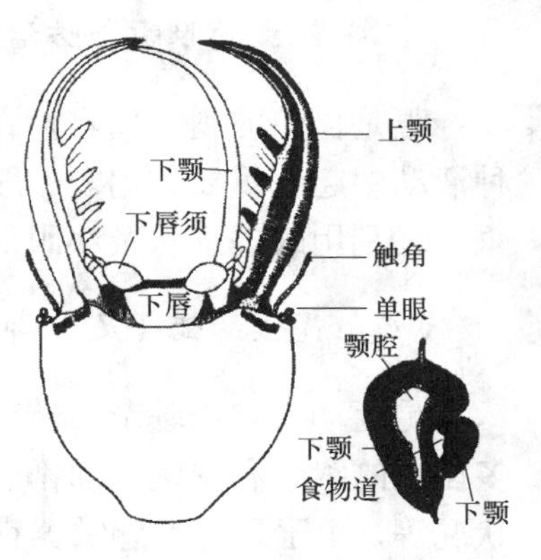

图 2-3　昆虫捕吸式口器

（二）昆虫的触角与防治的关系

触角好像天线，是昆虫重要的感觉器官，表面上有许多感觉器（见图 2-4），具趋化性、嗅觉、听觉和触觉的功能，昆虫借以觅食和寻找配偶。

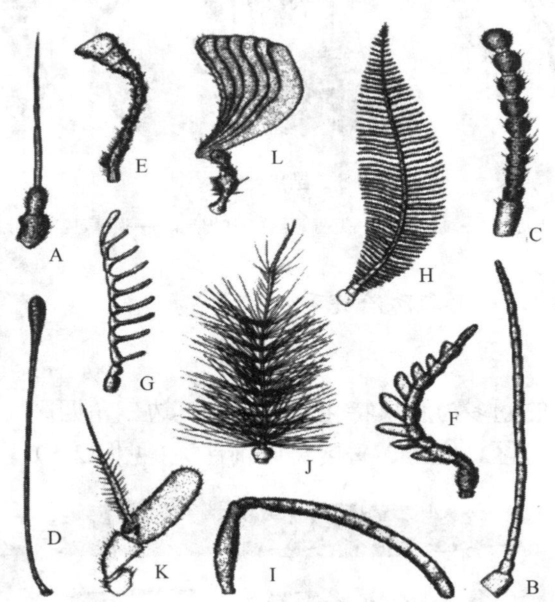

图 2-4　昆虫的触角类型

A—刚毛（蝉、飞虱）；B—丝状（蝗虫、蟋蟀）；C—念珠（白蚁）；D—球杆状（如蝶类）；E—锤状（如瓢虫）；F—锯齿状（萤）；G—栉齿状（一些甲虫）；H—羽毛（蚕蛾、毒蛾）；I—膝状（蜜蜂、胡蜂）；J—环毛（雄蚊）；K—具芒（如蝇）；L—鳃片（金龟）

触角的利用：根据趋化性，设计诱杀器来引诱和消灭害虫（糖醋诱、性诱）。根据触角的形态可进行昆虫分类及雄雌辨别。

（三）昆虫的眼睛与防治的关系

眼是昆虫的视觉器官，在昆虫的取食、栖息、繁殖、避敌、决定行动方向等各种活动中起着重要作用。一般有 1 对复眼，0～3 个单眼。眼的利用防治：①灯光诱杀；②利用眼的形状及小眼的数量进行分类。

（四）昆虫的腿（足或脚）与防治关系

足运动器官由基节、转节、腿节、胫节、跗节及前跗节 5 部分（见图 2-5）。许多昆虫的跗节和中垫表面都有一些感觉器官，能够感触环境物体的理化性质、温度状况等，由于足上有感觉器官，表皮就薄，成为了杀虫剂进入体内的“门户”，害虫在喷有药剂的植物表面上爬行时，药剂便很快进入体内，中毒死亡。

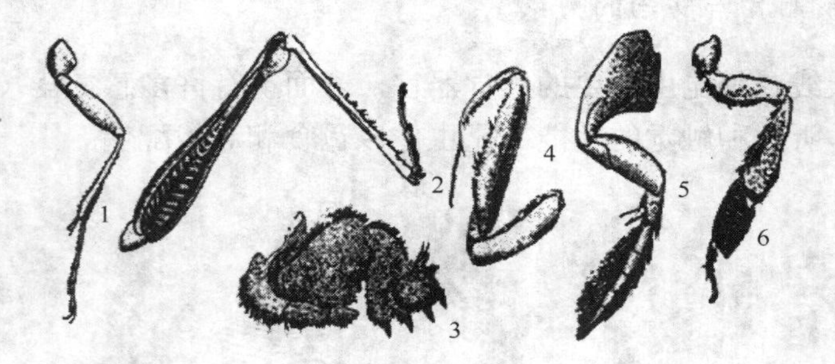

图 2-5 昆虫足的类型

1—步行足；2—跳跃足；3—开掘足；4—捕捉足；5—游泳足；6—携粉足

（五）昆虫的翅膀（翅）与防治关系

1. 基本构造

翅的分区、昆虫的翅多为膜质特化，一般呈三边三角四区（前缘、外缘、后缘，基角、顶角、臀角，腋区、轭区、臀区、臀前区）（见图 2-6）。

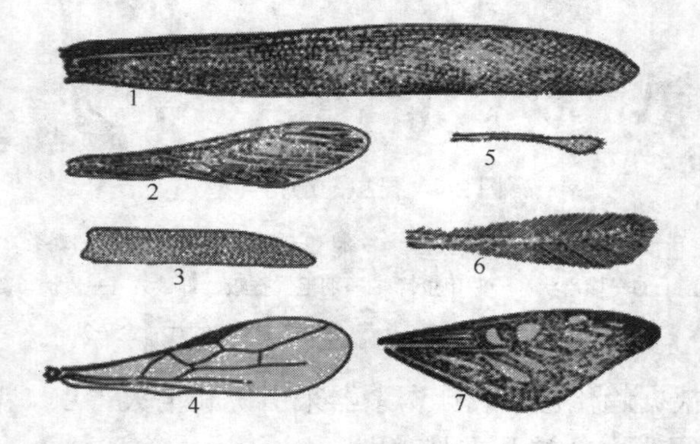

图 2-6 昆虫翅的类型

1—覆翅；2—半鞘翅；3—鞘翅；4—膜翅；5—平衡棒；6—缨翅；7—鳞翅

2. 翅的脉序

翅脉有支撑作用，脉序（翅脉分布形式）是研究昆虫进化和分类的重要依据。

3. 翅的类型

根据翅的质地，与翅面上特殊饰物可分为几种类型。

（1）膜翅：翅膜质透明，翅脉清楚，如蜂类、蝉、蜻蜓。

（2）覆翅（革翅）：翅狭长，质地坚实似皮革，翅脉明显，静止时覆盖在后翅及体背，如蝗虫的前翅。

（3）鞘翅：前翅呈角质、坚硬，保护后翅及身体，如瓢虫、金龟、天牛。

（4）半翅（半鞘翅）：翅的基部为角质，端部为膜质，如蝽象的前翅。

（5）鳞翅：翅为膜质，翅面上覆盖着鳞片，如蝶、蛾子的翅。

（6）平衡棒：后翅退化为平衡棒，仅有一对膜质的前翅，如蚊、蝇。

4. 翅的利用

翅的质地、翅脉在翅面上的分布、及翅面上的线纹等特征都是识别昆虫和分类的依据，能够根据翅进行分类。

（六）昆虫的体壁与防治的关系

昆虫的体壁相当于人的皮肤，是昆虫骨化的皮肤，又称外骨骼。体壁决定昆虫的体形和外部特征，并能防止体内水分的过量蒸发和阻止微生物及其他有害物质的侵入。

体壁是昆虫的保护性屏障，对化学药剂有一定的抵抗性，可以防止亲水性药剂侵入。体壁表皮层具有一层蜡质，使药液不易黏着虫体，不能穿透体壁就起不到杀虫作用。昆虫的幼龄比老龄幼虫体壁薄，容易触药致死，所以要防治幼虫于3龄之前。也可利用破坏蜡层的惰性粉等防治害虫。

二、昆虫的繁殖发育与防治的关系

（一）昆虫的繁殖方法

了解昆虫的生殖方式，可为防治打下基础。

1. 两性生殖

昆虫绝大多数是雌雄异体，繁殖为两性生殖，即：经过雌雄交配、卵受精后产出体外，才能发育成为新个体，这种生殖方式称为两性生殖，如黏虫、蝗虫等。

2. 孤雌生殖

有些种类的昆虫，不经过雌雄交配或卵不经过受精条件合适时就能发育成新的个体称为孤雌生殖，孤雌生殖分为两种。

（1）孤雌胎生（卵胎生）：雌雄不经过交配可直接产下新的个体，如蚜虫、家蚕等（蚜虫一个时期可进行两性生殖，一个时期可进行孤雌胎生）。

（2）孤雌卵生：许多膜翅目昆虫包括蜜蜂不经过交配或受精，雌虫产下卵，发育成新个体，如蜜蜂的雄蜂（受精卵发育成雌蜂，有蜂王和工蜂，非受精卵发育成雄蜂，单倍染色体）。

3. 多胚生殖

一个卵就可以产生 2 个或更多胚胎、每个胚胎发育成一个新个体的生殖方式，常见于膜翅目的寄生蜂类。

（二）昆虫的发育和变态

了解昆虫的发育和变态，是掌握防治时期的关键。

孵化：胚胎发育完成后，幼虫从卵中破壳爬出的现象。

变态：昆虫从卵孵化后，在生长发育过程中，要经过一系列外部形态和内部器官的变化，才成为有生殖能力的成虫，这种现象称为变态。

虫态：在生长发育过程中各阶段的形态称虫态，如幼虫，蛹，成虫。

1. 昆虫变态的类型

（1）全（完全）变态：昆虫一生有四个虫期：卵、幼虫、蛹、成虫，各虫态在形态上和生活习性上完全不同，如蛾、蝶（见图 2-7）、蜂、蝇和大多数甲虫。

（2）不全变态：昆虫一生有三个虫期：卵、若虫、成虫，若虫与成虫的外部形态和生活习性很相似，仅个体大小、翅及生殖器官发育程度不同。这种若虫实际上相当于幼虫，如蝗虫（见图 2-8）、蝼蛄、蝽象、叶蝉、蚜虫。

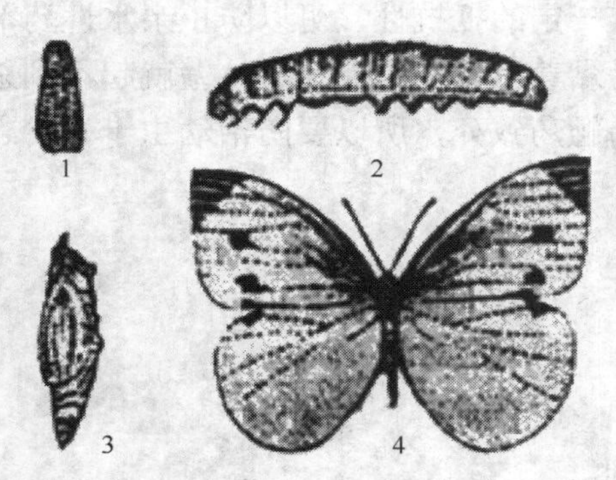

图 2-7 完全变态（菜粉蝶）

1—卵；2—幼虫；3—蛹；4—成虫

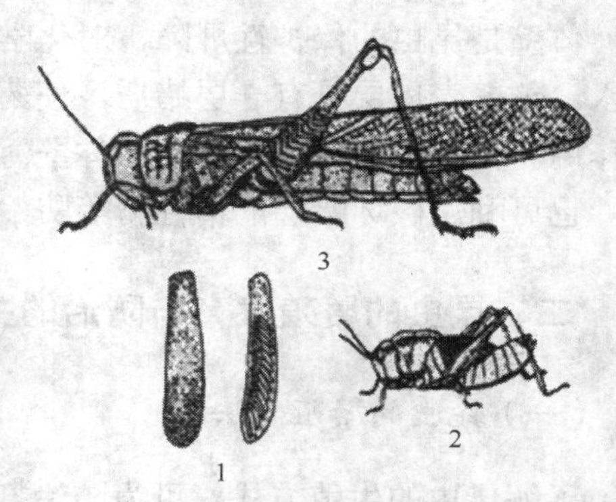

图 2-8 不全变态（蝗虫）

1—卵囊及其剖面；2—若虫；3—成虫

2. 昆虫的各个虫期

（1）卵期：卵从母体产下到卵孵化所经历的时期。

昆虫一般将卵产在植物表面、土中、植物组织、地面或粪便等腐烂物中，蝗虫、蝼蛄产土中，潜叶蝇产植物叶内，大青叶蝉产在果树、树枝的皮下，蛾蝶类产在植物表面，产卵方式有散产、集中成卵块状（苹小卷、褐卷），有的有鳞毛片或卵囊、卵鞘等（如螳螂），识别害虫的卵（见图 2-9）、摸清产卵规律，在防治上很重要。

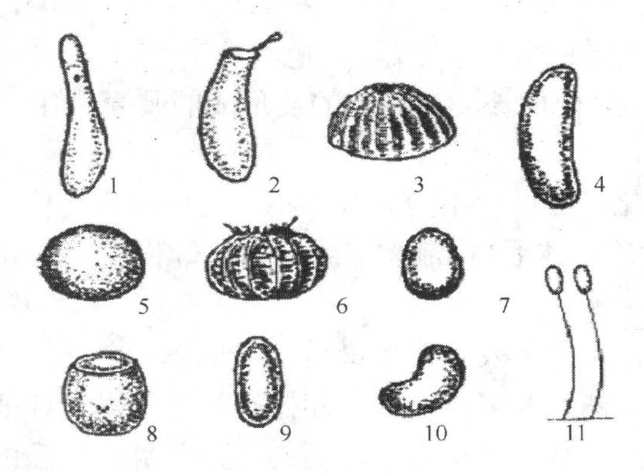

图 2-9　昆虫卵的类型

1—长茄形；2—袋形；3—半球形；4—长卵形；5—球形；6—篓形；7—椭圆形；8—桶形；9—长椭圆形；10—肾形；11—有柄形

（2）幼虫（若虫）期：由卵孵化到幼虫化蛹（全变态）由孵化到成虫（不全变态）取食生长时期，也是主要为害时期（多数农业害虫都是在幼虫期对作物进行为害）。

蜕皮：昆虫体壁的表皮层骨化，生长受到限制，蜕去旧皮才能继续生长，这种现象称蜕皮。

龄期：幼虫（若虫）期要蜕几次皮，才生成蛹或成虫，两次蜕皮之间的时期称龄期。

全变态昆虫幼虫根据足的数目（即胸足和腹足的有无和数量）可分为三类（见图 2-10）。

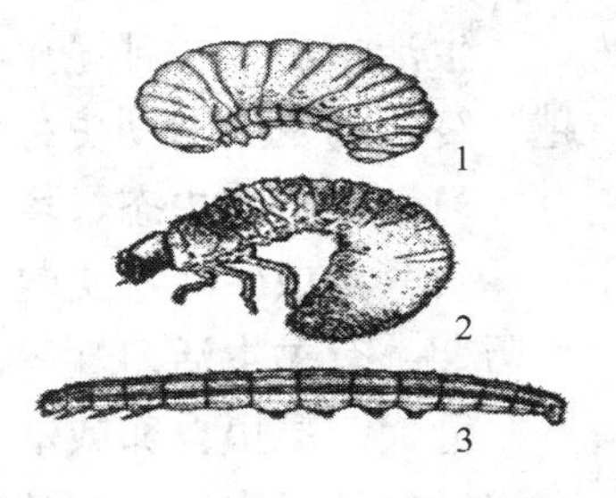

图 2-10　昆虫幼虫的类型

1—无足型；2—寡足型；3—多足型

多足型：幼虫除有三对胸足外，还有若干对腹足，如蛾蝶类 2～5 对，叶蜂类 6～8 对。

寡足型：只有三对胸足，无腹足，如甲虫类、草蛉等。

无足型：无胸足也无腹足，如天牛、吉丁虫、地蛆、象甲（生于食物充足的地方）。

（3）蛹期：全变态的幼虫老熟后脱掉最后一次皮变成蛹，此过程称化蛹，蛹表面上不吃不动，内部却进行着激烈的变化。

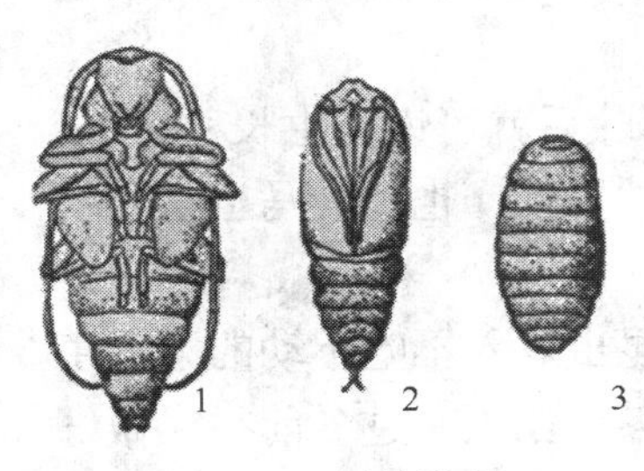

图 2-11　蛹的类型

1—离蛹；2—被蛹；3—围蛹

蛹的类型可分为三种（见图 2-11）：

离蛹（裸蛹）：蛹的触角、口器、翅、足等与身体分离，可活动，而腹节也能自由活动，如金龟、蜂、草蛉的蛹。

被蛹：蛹的触角、口器、翅、足等紧贴于蛹体上，外有一层薄的蛹壳包裹着，大多数腹节不能活动，少数能扭动，如蛾、蝶类的蛹 ，蛹皮较厚、色泽深。

围蛹：蛹体是离蛹，外面被幼虫脱下的皮形成的硬壳包住，外形似桶形，如蝇、虻类。

各类不同昆虫，化蛹的场所不同，有着不同的保护物，化蛹前吐丝作茧，有的纯丝，有的丝+食物碎屑+体毛+排泄物，或土里化蛹作土室：分泌黏液+土粒+或间有丝，筑成有光滑的土室。

（4）成虫期：是昆虫个体发育史的最后一个虫态。

很多昆虫存在雌雄两性及多型现象，即雌雄个体除第一性征外，在形态上还有其他差别。表现在触角形状，体型大小，翅的有无，身体的颜色等方面。雌雄数量之比称为性比。所以区别雌雄和性比在害虫测报中均很重要。

大多数昆虫羽化为成虫后，性腺还未成熟，需要继续取食，以完成性的发育，否则不能交配、产卵，所以这类昆虫的成虫往往也为害。如蝗虫、蝼蛄等。对性器官成熟不可缺少的成虫期的营养称为补充营养。如苹毛金龟、沙潜吸果夜蛾等。有些成虫在没有取得补充营养时，也可以交配、产卵，但产卵量不多，而取得丰富的补充营养后，繁殖力大大提高。如夜蛾类害虫、吸果夜蛾类。防治上利用成虫对补充营养的需要，设置糖醋诱液来毒杀成虫或作预测预报的根据，如对黏虫、地老虎等。

（三）昆虫生活年史与防治的关系

生活年史：一种昆虫在一年内的发育史，即昆虫从越冬虫态活动开始到第二年越冬终止的发生活动史称生活年史。包括昆虫一年中各代的发育期、历期、代数、有关习性、越冬虫态、场所等叫生活年史，简称生活史。

研究昆虫生活年史包括：一年的代数；越冬虫态、场所；各代各虫期发生时间和历期；有关生活习性等。

世代：昆虫自卵或幼体产下到成虫性成熟为止的个体发育周期称为世代，简称一代。各种昆虫世代的长短和一年内世代数，受环境条件和遗传性的影响而不同。一年发生一代：大豆食心虫、天幕毛虫、舟形毛虫等称一代性昆虫。一年发生多代：黏虫、玉米螟、小地老虎、黄地老虎、梨小等。多年发生一代：华北蝼蛄、钩金针虫（三年）、美洲十七年蝉、木橐蛾称多化性。

休眠：只是由于不良环境条件引起的，当不良环境消除后就可恢复生长称休眠。

滞育：是本种昆虫的遗传性决定的，即使给予适当的条件，也不会马上恢复生长发育。

越冬：昆虫由于冬季的低温加之食料不足，使许多昆虫进入不吃不动的中止生长发育的休眠状态，以安全度过冬季，这种现象称为越冬。昆虫在越冬前往往做好准备，若以幼虫越冬，在冬季到来前就大量取食，寻找到合适场所后停食。也可以卵或蛹越冬，也有的可以成虫越冬。

越夏：夏季的高温引越某些昆虫休眠，称越夏，如蝼蛄、大地老虎，越冬越夏均有一定的场所，往往有一定的越冬虫态。

（四）昆虫习性（行为）与防治的关系

昆虫由于外界环境的刺激或内部的生理刺激所引起的各种反应与活动的综合表现称为行为。昆虫的行为包括食性、假死性、趋性、本能、群集性和迁飞性等。了解昆虫的习性对害虫的防治有重要意义。

1. 食性

根据食物来源分五大类：植食性、肉食性、粪食性、腐食性、杂食性。昆虫在上述食性分化的基础上，根据取食范围的广窄，进一步可分为：单食性、寡食性、多食性。了解害虫的食性及其食性专化性，对防治有很大帮助。

2. 假死性

由于外界刺激所引起的较简单的神经反应活动，当虫体受到触动时，引起足、翅、触角等肌肉突然收缩，以至于不动的状态，或由停留处掉落下来，如金龟子、瓢虫、叶甲、小地老虎、黏虫等，这种习性有助于逃避敌害，我们也可利用这种习性来消灭害虫。

3. 趋性

趋性是接受外界刺激所产生的另一种反应，非趋即避，对于趋向刺激称为正趋性，避开刺激物称为负趋性。按照外界刺激的性质，将趋性分为许多种。

（1）趋光性：对光源的刺激，很多表现为正趋性，即有趋光性蛾类，蝼蛄、金龟等，有些昆虫却表现为负避趋性，即有背光性，如臭虫、米象，趋光性受环境因素的影响很大，当低温或大风、大雨时，往往趋光性减低甚至消失，在月光亮时，灯光诱杀效果就差。

（2）趋化性：是昆虫对化学物质的刺激所产生的反应，有趋避之分，是通过昆虫的嗅觉器官而产生的反应（主要是触角），在寻食、求偶、避敌寻找产卵场所等方面表现明显。如菜粉蝶趋向于芥子油的十字花科蔬菜，根据害虫对化学物质的正负趋性，发展了诱集和趋避等防治方法。

利用正趋化性可进行糖醋液诱杀黏虫，小地老虎成虫，梨小等；用杨树枝诱集棉铃虫、黏虫等；谷子、麦麸的毒谷、毒饵诱地下害虫；还可用性诱剂诱杀，用人工合成含雌激素的诱芯诱集玉米螟、梨小食心虫、小菜蛾、棉红铃虫等的雄蛾。

（3）趋温性：因昆虫是变温动物，本身不能保持和调节体温，必须主动趋向于环境的适宜温度，这就是趋温性的本质所在。如：东亚飞蝗每天早晨要晒太阳，当体温升到适合时，才开始跳跃活动和取食；寒冬、酷暑时某些害虫要寻找合适场所越冬越夏，蝼蛄、金针虫等。

此外：还有趋湿性（黏虫、小地老虎、蝼蛄喜潮湿环境），趋地性（某些昆虫入土化蛹，一些储粮害虫向粮堆高处爬），趋嫩性（许多害虫喜爬向植株上部为害幼嫩部分等等)。

4. 本能

内部刺激所引起的复杂神经运动，本能行为很多，如蜂类筑巢、蚕吐丝作茧，许多蛾类的老熟幼虫在化蛹前作茧或筑蛹室留下羽化孔或羽化道等。这对于利用益虫(如人工帮助蜂类筑巢)，消灭害虫(破坏土室)有一定意义。

5. 群集性和迁飞性

昆虫在进行产卵、越冬等活动会进行群集，数量大、食料不足或性成熟的会进行迁移、迁飞活动，如黏虫吃光一块地作物后，成群向邻近地块迁移为害。

(五)昆虫分类与防治的关系

正确鉴定昆虫种类，对害虫防治和益虫的利用，具有重要的实践意义。

1. 分类的阶元

门、纲、目、科、属、种，另外还有亚门、亚纲、亚目、亚科、亚种、总目、总科、族、亚族。

现以意大利蜜蜂为例，表示昆虫的分类地位和阶元如下：动物界—节肢动物门—昆虫纲—膜翅目—蜜蜂科—蜜蜂属—意大利蜜蜂。

2. 学名

昆虫学名是利用国际上统一规定的双命名法，并用拉丁文书写。每个种的学名由性属名和种名组成，种名后是定名人的姓氏。

3. 昆虫纲

昆虫纲一般分 33 个目，为便于理解和掌握，下面列出与植物生产关系密切的 11 个目昆虫的口诀及农业上常见 7 个目害虫特征比较及各目昆虫举例表。

11 个目昆虫的口诀

后足善跳直翅目，前胸发达前翅覆，雄鸣雌具产卵器，蝗虫螽蟖油葫芦。
基革端膜半翅目，前胸发达盾片露，刺吸口器分节喙，水陆为害动植物。
前翅同质同翅目，喙出头下近前足，叶蝉粉虱蚜和蚧，常害农林和果蔬。
硬壳甲虫鞘翅目，前翅角质背上覆，触角十一咀嚼口，幼虫寡足或无足。
虹吸口器鳞翅目，四翅膜质鳞片覆，蝶舞花间蛾扑火。幼虫多足害植物。
后翅勾列膜翅目，粗腰细腰并胸腹，捕食寄生或授粉，害虫幼虫为多足。
蚊蝇虻子双翅目，后翅平衡五节跗，口器刺吸或舔吸，幼虫无足头有无。
钻花蓟马缨翅目，体小细长常翘腹，短角聚眼口器歪，缨毛围翅具泡足。
草蛉蚁蛉脉翅目，外缘分叉脉特殊，咀嚼口器下口式，捕食蚜蚧红蜘蛛。
蜷腿祈祷螳螂目，挥臂当车猛如虎，头似三角复眼大，前胸延长捕捉足。
飞龙捕虫蜻蜓目，刚毛触角多刺足，四翅发达有结痣，粗短尾须细长腹。

表 2-1　农业害虫 7 个目特征比较及各目昆虫举例表

目	变态	翅的特征	幼虫类型	蛹类型	口器类型	为害虫期	害虫举例	益虫举例
直翅目	不完全变态	前翅革质 后翅膜质	无	无	咀嚼式	若虫、成虫	蝗虫、蝼蛄、蟋蟀等	无
半翅目	不完全变态	前翅半翅 后翅膜质	无	无	刺吸式	若虫、成虫	麻皮蝽、菜蝽、网蝽等	小花蝽、华姬猎蝽等
同翅目	不完全变态	前后翅均膜质或前翅稍革质	无	无	刺吸式	若虫、成虫	蚜、叶蝉、粉虱等	无
鞘翅目	完全变态	前翅鞘质 后翅膜质	寡足型或无足型	离蛹	咀嚼式	幼虫、成虫	金龟、叶甲、二十八星瓢等	瓢虫、步甲、虎甲等
鳞翅目	完全变态	前后翅均膜质上覆鳞片	多足型（腹足 2-5 对）	被蛹	成虫虹吸式 幼虫咀嚼式	幼虫	菜粉蝶、棉铃虫、毛虫类、刺蛾类、（蝶、蛾等）	无
膜翅目	完全变态	前后翅均膜质	多足型或无足型	离蛹	嚼吸式	幼虫	叶蜂、茎蜂等	各种寄生蜂、胡蜂、土蜂等
双翅目	完全变态	前翅膜质后翅特化为平衡棒	无足型	围蛹或被蛹	刺吸式 舔吸式	幼虫	种蝇、葱蝇、潜叶蝇等	食虫虻、食蚜蝇、各种寄生蝇等

三、影响昆虫种群数量的环境因素

种群：是指在一定的空间内，同种生物全部个体的集合。害虫能否大量发生和严重危害，决定于害虫本身的内部因素（繁殖力、适应性、危害性），还取决外界因素（环境因素）是否有利于害虫。研究这些环境条件对害虫影响的目的，是为了揭示害虫发生发展规律并在此基础上有目的的改变害虫的生活条件来控制害虫的发生。

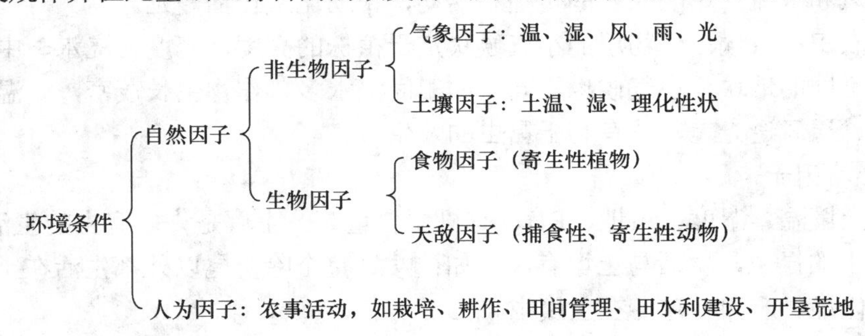

1．气象条件

温度、湿度、光、风、雨等综合作用于昆虫。

（1）温度：昆虫是变温动物，他们的体温基本上决定于环境温度，适当的环境是生存的条件。

昆虫对温度的要求及反应：

生长发育和繁殖要求一定的温度范围，这个范围称作有效温区通常 8～40℃；

在有效温区内对昆虫生长发育和繁殖最适宜的温度范围称为最适温区 22～30℃；

有效温区的下限温度即开始生长的温度——称发育起点 8～15℃；

有效温区的上限温度即生长发育显著受到限制的温度——临界高温 38～45℃；

温度过高（或过低）使昆虫死亡，称为致死温度；

致死低温不超过-15℃，致死高温 48℃。

（2）湿度和降雨：昆虫对湿度的反应也与温度一样，有适宜湿度范围与不适湿度范围。一般来说，湿度低则延长发育，反之，能加速发育；一般湿度大、产卵量高、卵的成活率和卵孵化率也高。也有相反的情况：大多数刺吸式口器的害虫，对湿度变化的反应不敏感，所以蚜虫、介壳虫、螨类经常在干旱（RH<75%）的年份为害严重。

降雨可以影响害虫数量的变化，但要看降雨时间、次数和雨量。遇大雨，虫口下降，暴雨对小型害虫有机械、冲刷作用、虫口显著下降。

（3）温湿度的综合影响：温湿度是相互影响和制约的，是综合作用于昆虫的，而昆虫对温湿度的反应也是综合要求的，往往用温湿度系数来表示温湿度对昆虫的综合作用；

温湿系数（湿度/温度）=相对湿度/日平均温度的反应。在一定温度范围内，不同的温湿度对害虫的影响可以产生相似的结果。

（4）光：影响昆虫的发育与活动（光的性质包括波长、光周期，光的强度指能量）。光的波长不同、其颜色也不同，而夜出性昆虫的活动情况主要是昆虫可见 7000～2500 埃光波长，许多农业害虫对 3300～4000 埃的紫外光最敏感，黑光灯 3600 埃左右诱虫最多。蚜虫是日出性的，可见波长 5500～6000 埃的黄光，所以可用黄板诱蚜。

（5）风和气流：影响昆虫的传播和活动，帮助昆虫传播蔓延。

（6）农田小气候：作物层的小气候决定于植株的高度、密度、浇水、中耕等栽培管理，不同的地块，小气候也不同，如田间浇水多，作物生长茂密，则温度低、湿度增高、通风透光差，就有利于黏虫的发生。

2. 土壤因子

包括土壤温、湿度、质地、RH、有机质含量等。土壤是许多害虫的生活环境，有 95%以上的昆虫，生活与土壤有关。如：蝼蛄整个除交尾以外都生活在土壤中；许多昆虫化蛹、产卵、越冬在土壤中。

3. 食物因子

食物是昆虫的生存条件，食物的种类对昆虫的影响：各种昆虫都有自己的特殊食性，在取食适宜的食物时生存、发育快，繁殖力高、死亡率低，就是多食性昆虫也是如此。

4. 天敌因子

凡能捕食或寄生于昆虫的动物及使昆虫致病的微生物都可称为昆虫的天敌。

生物防治的理论基础：人工创造有利于害虫天敌的环境或引进新的天敌种类及增加某种天敌的数量就可有效地抑制害虫这一环节，并会改变整个食物链的组成。

5. 人为因子

指人的农业生产活动对害虫影响。在农事活动中，常常无意造成对害虫有利的条件。如耕作不当，耕作粗放，杂草丛生，药杀天敌，运输，传播等都加重害虫的发生。如掌握害虫的发生规律，就可有目的地改变害虫的有利条件，创造不利于害虫的条件（即恶化害虫的环境条件）达到控制害虫目的。

第二节　常见园艺植物病害的诊断

一、植物病害基础知识

植物在生长发育或储运过程中，受到不良环境因子的影响，或其他生物的侵害，在生理上、组织上和形态上发生一系列不正常的变化，造成产量降低、品质变劣，甚至出现死亡的现象，称为植物病害。为了防治或有效控制这些病害的发生，就必须学会病害诊断的技能。病害诊断是植物病虫害防治的重要部分，是病情预测、病害防治的重要基础工作。

（一）植物发病的原因和类型

1. 病原

引起发病的直接原因叫病原（或称主导因素）；病原按性质分为两大类：非生物性病原和生物病原。

（1）非生物性病原：各种不良的（有害的）理化因子。如温度、光照、水分、营养元素、化学物质。

（2）生物病原：侵染植物的各种生物如真菌、细菌、病毒、线虫、寄生性种子植物等。

生物病原又叫寄生物、病原物（真、细菌称病原菌）；发病的植物叫寄主。

但是有的寄生物并不形成病害，如豆科植物的根瘤菌和豆科植物的菌根菌，与寄主是共生关系。

2. 植物病害的类型

根据病原可分为两大类：

（1）非侵染性病害（生理病害）：由非生物病原引起（温度：低温、冻害；强光：日灼、日烧；水分：旱害、涝害；养分：肥害、缺素症；还有盐害、药害、毒害、毒气、污水等）。

非侵染性病害特点：不传染、常成片发生；田间分布均匀；相邻植株表现一致、清除病害后，有时能复原。

（2）侵染性病害（寄生性、传染性病害）由生物病原物引起。如真菌、细菌、病毒病害，还有线虫、菟丝子等。

侵染性病害特点：能传染；田间发病由个别、局部开始，后蔓延全园，分布不均匀，相邻植株表现不一致；发病后，一般不能复原。

生理病害是植生、土肥、栽培、环保等研究的主要任务，植保以侵染性病害为重点。

3．两类病害的关系

关系密切，生理病害降低植株的抵抗力，从而加重或诱发侵染性病害。大白菜窖藏冻害诱发软腐病；辣椒炭疽病诱发日烧；缺肥加重诱发多种叶斑病。

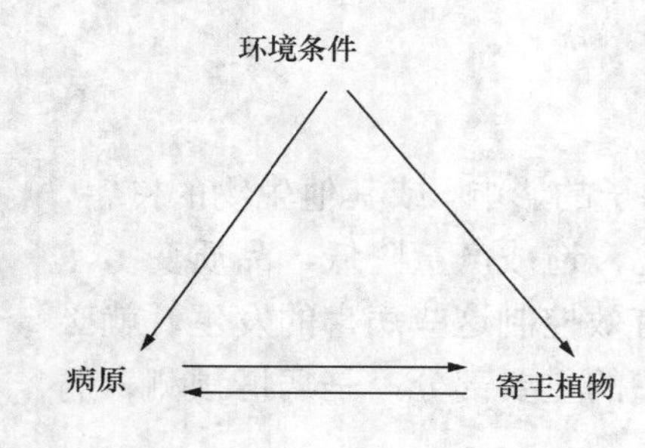

4．侵染性病害的发生条件

寄主（植物）、病原物、环境条件

（1）病原物能否使植物发病，取决于植物与环境。

（2）病原物侵染植物，植物要反抗，两者斗争激烈。

（3）环境条件同时影响病原物和植物，环境对病原植物有利时，病害发生或加重；环境对植物不利时，病害缓慢或停止。

植物病害是三者相互作用，最后导致发病的过程，植物病害的发生，与植物本身抵抗力关系很大，并受环境的影响。

（二）植物病害分类

（1）按病原分：生理性、侵染性（真菌、细菌、病毒病害、线虫、菟丝子等）。

（2）按寄主种类分：菜病、茄科病、番茄病。

（3）按发病部位：果、叶、花。

（4）按生育阶段：萌芽、落叶期。

（5）按传播方式：风、雨、虫、人。

（三）植物病害的表现及命名

1．植物病害的症状表现

植物病害的症状表现，见图 2-14。

2．症状对植物病害的诊断意义

（1）症状是诊断病害的重要依据，许多病害的症状有特异性、稳定性（包括病状和病征的特征性表现）一看见就能诊断。

（2）症状不是诊断病害的唯一依据，因为有时症状不典型（因品种、环境、发病时期及发病部位而异）。

3. 植物病害的命名

（1）按病状命名：如 软腐、枯萎、条斑、黄萎、紫斑。

（2）按病征命名：如 霜霉、白粉、锈病、菌核、灰霉、绵疫。

二、引起植物病害的病原物

（一）病原真菌

真菌为菌物界的低等生物，介于动、植物之间。异养（营养方式接近动物）形态上与藻类相似（近植物）。在植物病中真菌约占80%。

1. 真菌的形态

真菌的个体分为营养体和繁殖体两部分，前者简单，后者复杂。

（1）营养体：除少数种类外，大多是相似的丝状体，叫菌丝（丝状细胞，有壁，有核，无叶绿素，多数为多细胞，直径为5～10微米）。菌丝分枝生长，交错密集，称为菌丝体。

真菌的营养体无根、茎、叶的分化，无维管囊，任何一个小破碎的菌丝均可以发展成为一个新的个体（菌丝体）。

有的真菌的菌丝体上长出吸盘，伸入寄主的细胞中吸取营养。

有的真菌的菌丝体发生变态，形成一些特殊的组织（如菌核、菌索、子囊等），以度过不良的环境，有的能产生繁殖体。

菌核是外紧内松的一团菌丝，较坚硬，色深，有多种形状，大小和色泽，在寄主体表形成。

菌索是有分枝的绳状构造，形成像植物的根也在寄主的体表形成。

子座是一堆聚集较紧密的菌丝，垫状或头状，在寄主内形成。

（2）繁殖体：在营养体上产生，由子实体和孢子两部分组成。

子实体：相当于果实，是产生孢子的器官，有许多种类型和形状。主要有分生孢子梗、分生孢子囊，分生孢子器、分生孢子盘、子囊果、担子果等。

孢子：相当于种子，是真菌繁殖的基本单位；根据繁殖方式而分为有性孢子和无性孢子；有各种形状。

营养体一般相似，繁殖体形态各异，是分类的重要依据。

2. 真菌的繁殖和生活史（个体发育）

分有性和无性两种。一般是菌丝体生长到一定阶段，先进行无性繁殖，产生无性孢子；到后期，在同一菌丝体上进行有性繁殖，生成有性孢子。

真菌的生活史：是指从一种孢子开始，经过萌发、生长和发育，最后以产生同一种孢子为止的个体发育周期（过程）（相当于种子发芽到新种子成熟）。

典型生活史：从有性孢子萌发，长成菌丝体，菌丝体上产生无性孢子，无性孢子萌发，长成菌丝体，无性孢子可重复产生多次（无性阶段），到生长后期，在菌丝体上进行有性繁殖，产生有性孢子（有性阶段）。

不少真菌只有无性阶段，极少或不进行有性繁殖，有些真菌以有性繁殖为主，很少或不进行无性繁殖；少数真菌不形成任何孢子。

3. 真菌主要类群

真菌属菌物界、真菌门，有10万多种，分5亚门，18纲。

表2-2 真菌主要类群5大亚门

亚门	鞭毛菌	接合菌	子囊菌	担子菌	半知菌
菌丝体	无隔	无隔	有隔	有隔	有隔
无性孢子	游动孢子	孢囊孢子	分生孢子	大多无	分生孢子
有性孢子	卵孢子	接合孢子	子囊孢子	担孢子	少或无
病害举例	黄瓜霜霉病、番茄晚疫	瓜果储运期软腐病	瓜类白粉病	苹果、梨锈病	辣椒炭疽病、瓜类灰霉病

（二）原核生物（主要是细菌）

植物细菌病害种类不多，重要性占第三位，但有的细菌病发生普遍，为害严重，如大白菜（十字花科）软腐病、黑腐病、黄瓜角斑病、斑点病、菜豆疫病、辣椒疮痂病、土豆环腐病；柑橘黄龙病等。

1. 细菌形态与繁殖

细菌为单细胞，有胞壁，无胞核（有核质），属原核生物界。细胞形状有球状、杆状、螺旋状，而植病细胞均为杆状，叫杆菌。一般大小为（1～3）微米×（0.5～0.8）微米（约为真菌直径1/10）大多有鞭毛，能游动。

观察细菌，一般先做涂片，后染色（革兰氏染色法最为重用）、在镜下观察，蓝黑色为阳性（+），红色为阴性（–）。

植病细菌多为阴性，仅一个属为阳性（棒状杆菌属）。

细菌的繁殖方式为裂殖，当菌体长到一定大小时，其中部发生缢缩，并形成新壁，最后断裂为两个菌体，条件适宜20分钟断裂一次。

2. 植病细菌的特征

（1）全为兼性寄生，均可人工培养。

（2）大多好气性，少数嫌气性。

（3）生长适温20～30℃，耐低温，不抗高温，致死温度50℃（约10分钟）要求有水滴或水膜，才能生长繁殖、传播、侵染。

（4）对紫外线敏感，阳光直射容易死亡。

（5）能产生各种水解酶，毒素，激素等，造成危害。

3. 细菌主要类群

植物病害细菌集中在以下5个属中：

（1）假单胞杆菌属：黄瓜角斑病（斑点）。

（2）黄单胞杆菌属：黄瓜斑点病（斑点）。

（3）野杆菌属：（果树根癌病）。

（4）欧氏杆菌病：大白菜软腐病（腐烂）。

（5）棒状杆菌病：马铃薯环腐病（萎蔫）番茄溃疡病（萎蔫）。

4. 放线菌

（1）放线菌：属原核生物界，细菌门，是一类较低级的细菌（介于细、真菌之间），因培养时菌落是放射状而得名。

（2）菌体大多数是腐生的，有益（土壤中分解有机物）。有的能产生抗菌素，所以是抗生菌素的主要种类。如四环素、多抗霉素、新植霉素等。农抗120等。人医和植物防病上均有应用。仅有两种是植病病原物，引起土豆、辣椒、甘薯的病害（土豆疮痂病）。

（三）病原病毒

病毒在植物病原物中的重要性占第二位（仅次真菌病害，约300种病毒、为害上千种植物），尤其是蔬菜上病毒病较多，发生病毒病的植物如茄科、葫芦科、豆科、十字花科蔬菜，蔷薇科果树、禾本科花卉。

1. 病毒形态和组成

病毒为非细胞形态的、极小的微生物，属病毒界，形态有球状、杆状、线状等。电子显微镜下可见，光镜下不可见。

2. 病毒的特征

（1）寄生性：病毒的寄生性极强，离开寄主活体就不能生长，增殖，并失去侵染力，病毒不能人工培养，病毒的寄主范围广，一种病毒能寄生多种植物。

（2）增殖：病毒的复制的方式繁殖，叫增殖，组成新的病毒颗粒速度极快。

（3）传染性：把病株的体液射到健株上，可使健壮植株发病。

（4）遗传性和变异性：由复制而增殖的新的病毒，能保持其原有的一切特征；又因增殖力强，速度快，所以容易发生变异。

（5）稳定性：对外界环境的抵抗力，比其他微生物强。

3. 症状

只有病状，没有病症（变色，坏死、畸形）。

（1）变色：花叶，黄化，着色明脉等。

（2）畸形：皱缩、从枝、矮化、卷叶、蕨叶、肿瘤病。

（3）坏死：坏死斑、坏死条纹（茎、叶、果都有）。

（四）类菌原体（MLO）

属细菌门（过去列入病毒）比细菌小、无胞壁，形状多变。D=80～800 纳米。二分法繁殖，果林有：疯枣病，泡桐从枝病。

（五）病原线虫

（1）线虫属线形动物门，线虫纲，种类多，分布广，大多腐生，有的为害动、植物，蔬菜，农作物线虫病不少，如茄果病，瓜类，豆类小麦，水稻，花等都有线虫病。

（2）线虫有卵，幼虫，成虫（两头尖）。少数种类雌虫成虫球形成熟型。大小约为（1～2）毫米×（20～30）微米。世代虫，一年多代，（少一代）。

（3）线虫为害地下部分为主，使寄主生长衰弱，似缺肥壮，有的根部长瘤，蔬菜根部有线虫会失绿、矮化、早衰。

（六）寄生性种子植物

（1）有寄生能力的高等植物（双子叶）有上千种，重要的有菟丝子、列当、桑寄生等。分为：全寄生、半寄生、茎寄生、根寄生。

（2）菟丝子：为害豆科、茄科作物，全寄生、茎寄生（见图 2-12）。叶呈鳞片状，黄色，茎丝状，种子卵圆形，小，略扁，表面粗糙，褐色，种子落入土中常混入作物种子中。防治要点：深翻地，早拔除等。

图 2-12 菟丝子

（3）列当：全寄生、根寄生为害瓜，向日葵，豆茄科等。

（4）桑寄生：半寄生、茎寄生，为害林果，南方山区有。

三、植物病害的发生发展

（一）病原物的寄生性和致病性

生物的营养方式：自养、异养（寄生腐生）。

寄生是异养生物的一种生活方式。一种生物在另一种生物体上获取营养的生活方式。

1. 寄生性

病原物寄生能力的大小，可分两类：

（1）专性寄生（严格寄生）：只能寄生，不能腐生的寄生性，不能人工培养。此类有：病毒、线虫部分真菌。

（2）非专性寄生：可寄生，又能腐生的寄生性，能人工培养，按寄生能力的强弱分为：①兼性寄生：强寄生，腐生弱，多数；②兼性腐生：弱寄生，腐生强，少数。

根据病原菌的寄生性，可考虑防治对策。

专性寄生物所致——抗病育种。

兼性腐生物所致——提高寄主活力。

2. 病原物的寄主范围

被一种病原侵染的所有植物，即该病原物的寄主范围。

（1）病原物对寄主有选择性，每一种病原物都有一定的寄主范围。

广义：不同种的寄主植物。

狭义：同种、同属几种、一种，几个品种。

（2）规律：寄生性强——寄主范围窄。

寄生性弱——寄主范围宽 病毒例外。

（3）寄生专化性：一种病原物在它的寄主范围内，还能分化出不同的类群来，此现象称为寄生专化性，某些F、B、V有写真菌叫专化型和生理小种的，病毒叫植株系，细菌叫菌系。

生理小种：（真菌的）种以下，人为地分出来的是形态相同，寄主范围不同，生理特征不同的同种真菌。

生理小种是真菌的种对寄主的不同种或品种的寄生专化型。

专化型是真菌的种对寄主的不同属的寄生专化性。

小种，株系，菌系常会发生变异而产生新的小种，株系、菌系。

3. 致病性

指病原物对寄主的为害度（直接破坏、急性毒害）。

（1）致病性和寄生性不一致，一般寄生性强，破坏性小，急性毒害慢。

（2）破坏性小，毒害慢，不等于不严重，还要看病原物的数量，持久性和影响性等。

4．寄生和致病性的变异

（1）病原物的寄生性和致病性会发生变异。

（2）病原物变异的途径是适应杂交突变。

（3）当寄主活力降低或病原物发生变异的时候，可提高致病力。实例：蔬菜品种抗病性衰退或丧失。

（二）原物的侵染过程

病程，一次发病全过程，四个阶段，接触，侵入，潜育，发病。

1．接触

病原物与寄主体接触，时间长短因病害种类而不同，大多数接触期短，此外，接触部位重要，只有与侵入点（感病点）接触，才能发生侵入。

2．侵入

病原物进入寄主体内。

（1）侵入途径（三条）：

伤口：机械伤，灼伤，冻伤，虫伤，生理裂，软腐；

自然伤口：气孔，水孔，皮孔（霜霉菌，许多细菌，部分真菌）；

直接接触：穿透表皮（机械压力，熔化蜡层）（许多真菌，线虫，菟丝子）。

（2）侵入条件：湿度，温度，营养和病原物数量。

3．潜育

病原物在寄主体内的生长和扩展过程（阶段）。

4．发病

症状出现，病程结束。

病原物潜育阶段，寄主发生一系列生理、组织、形态变化。病变结果是出现症状。

（三）寄主植物的抗病型

1．寄主对病原物侵染的反应

有四种类型：

（1）抗接触免疫：病原物不能侵入或侵入后不能扩展，无症状，不发病。

（2）抗接触抗病：寄主对病原物有抵抗力仅表现轻微的症状，危害不大，根据抗病力的强弱分高抗、中抗、低抗三级，发病。

（3）抗接触耐病：能发病，症状也较严重，但寄主有自我补偿能力，对产量品质影响不大，损失较小。

（4）抗接触感病：发病重，损失大，分中感、高感二级。

2．抗病机制（针对其侵染机制）

（1）抗接触：

① 寄主感病期与病原物盛发期错开，表现为不发病或发病轻，称为避病现象。

如大多数品种病轻。

② 寄主形态不适合病原物的接触，也是避病现象，如叶片直立，叶面光等，真菌孢子不容易粘子。

（2）抗侵入（三种情况）：

① 表皮角质层厚，病菌进不去，如老叶较抗病。

② 气孔，皮孔小少病菌侵入机会减少，如霜霉病。

③ 其他，如寄主体表外渗物有毒，伤愈力强等均抗侵入。

（3）抗扩展：病菌侵入后，寄主发生主动反应，使扩展中断。

3. 植物抗病性的分类

（1）垂直抗性和水平抗性：按寄主品种抗病性和病原物生理小种致病之间的相互关系而分为两类：

① 垂直抗性：又叫专化抗性。

寄主的某个品种能抗一种病原物的一个或少数几个生理小种、对其他小种无抗性，称垂直抗性。

特点：a. 易培育；b. 抗性强（免疫或高抗）；c. 受单基因控制；d. 但易丧失。

② 水平抗性：又叫广谱性抗性。

寄主的某个品种能抗一种病原物的多数或全部生理小种、对其他小种无抗性，称水平抗性。

特点：a. 抗性强（中抗或低抗）；b. 受多基因控制；c. 抗性持久；d. 但不易培育。

水平抗性的品种，虽也能发病，但病害发展慢、为害较轻。

（2）阶段抗病性和生理年龄抗病性：寄主的生长发育阶段不同，生理年龄不同，抗病性不同。如：苗期感病，成株期抗猝倒、立枯等病。

辣椒幼果抗病，熟果感病：炭疽

（3）单抗病性和多抗病性：寄主对不同种病原物的反映，抗一种病原物叫单抗性，抗多种病原物叫多抗性。

（4）寄主抗病性变异：寄主的抗病性有遗传性，稳定性和变异性，抗病性因变异而丧失，原因有：

① 病原物变异，致病性提高，品种抗病性突降或丧失。如霜霉病，锈病。

② 植株生活力下降（衰弱）抗病力下降，如缺肥，N肥偏多，旱涝害，低温，草多，防治不及时造成落叶等。

（四）病害的侵染循环

1. 侵染循环

指病害在一年中的发生过程。

五个环节：病原物来源、传播方式、病程、侵染次数、发病时期。

2. 病原物来源（越冬、越夏）

（1）田间病株：已发病的植株（发病中心，中心病株）。

（2）种苗及繁殖材料：种子（带菌）：黄瓜，番茄，茄子，大白菜。

菜苗：霜霉，白粉；块茎：马铃薯环腐病菌。

（3）病残体：病株残余组织（枯枝落叶、果、根、茎等）。

（4）土壤：土中病原物多，是重要来源。

潜居：在土中休眠、如菌根。

寄居：在土中病残体上生活、病残体分解即死亡。如茄褐纹病菌。

习居：在土中独立生活，如立枯菌、枯萎菌、黄萎菌。

（5）肥料（农家肥）：病残体混入、病株作饲料、使粪肥带菌、如软腐病菌。

施净肥是指有机肥中不带活菌。

还有传毒介体（传毒昆虫）、转主寄生。

3. 传播方式

传播方式书上分为主动、自然动力、人为传播三类。实际上主动传播少，作用小，不重要。

（1）风传：又叫气传，是多数真菌的主要传播方式、孢子小而轻、风传一般不远，霜霉、叶霉、白粉，防治风传难，措施有：选用抗病品种，提高抗病力，及时喷药。

（2）水传：（雨水、流水）。

不少真菌的孢子胶粘成团（孢子团），需要水溶化才能分散开，如大多数半知菌。

雨水溅起传绵疫病、黑腐病等。

流水传软腐病、菌核病、枯萎病等。

防止水传措施：防雨溅（地膜、套袋）、多垄、滴灌等。

（3）虫传：昆虫可传病毒、MLO及其某些细菌、真菌病。

传毒昆虫以蚜、飞虱、叶蝉为主，桃蚜可传50种病毒，其他昆虫如跳甲、菜青虫可传播细菌病。昆虫传病还与造成伤口有关，伤口有利于病菌侵入，治虫防病即防虫传。

（4）人传：运输、操作（种传、土传、肥料、手传、工具传、嫁接传等）。

（5）防止措施：检疫、种苗处理、轮作、净肥等。

4. 初侵染和再侵染

初侵染：是指一年中的第一次侵染，即病原在播种后的第一次侵染（多年生作物是早春发芽后）有些病只有初侵染，一个生长季只发病一次。如菌核病、枯萎病、黄萎病等。

再侵染：是指在发病的植株上，病原物产生繁殖体，经传播，再次侵染植物。大多病害有再侵染，一年中发病常由点到面，由轻到重发展。如霜霉病、叶霉病、灰霉病、晚疫病。

防治对策：只有初侵染的病害，消除初侵染源即可控制。

（五）植物病害的流行

1. 何谓流行

一种病害在一个地区，一个时期内大量发生，严重为害叫流行，发生不一定流行，流行是发生的继续和发展。

2. 寄主条件

感病品种面积大，作物生长衰弱（环境不利），抗性丧失等。

3. 病原物条件

病原物致病力强，数量大再侵染次数多的病害易流行。

（1）流行性强的病害：霜霉病、晚疫病、白粉病、锈病等。

（2）流行性弱的病害：如黄萎病、枯萎病、根肿病、菌核病、线虫病以及大田作物的黑粉病等。

4. 环境条件

气象（温、湿、光），土壤和栽培条件。

若品种不抗病，有大量病原物时，环境条件就是病害能否流行的主要因子。

植物病害的防治，必须十分强调栽培防病，目的是通过栽培措施的改进，来保护和提高植株的抗病力，同时创造不利于病原物的环境条件，从而减轻和控制病害的发生和流行。

四、植物病害的诊断步骤

1. 植物病害发生状况和发生环境调查

植物病害的种类很多，各种不同病害的发生规律和防治方法都不相同。正确诊断病害，才能及时有效地开展防治工作。

田间现场观察，了解病株的分布状况、发生面积、树种组成，发病期间的气候条件、地形地势、土壤性质、栽培管理措施，以及往年的病害发生情况。若为苗圃，还应询问前一年的作物栽植种类及轮作情况，作为病害诊断的参考。

2. 植物病害症状类型观察

症状对植物病害的诊断有重要意义。掌握各种病害的典型症状是迅速诊断植物病害的基础。症状一般可用肉眼和扩大镜加以识别，方法简便易行。特别是各种常见病和症状特征十分显著的病害，如白粉病、锈病、霜霉病、寄生性种子植物病害等，通过症状观察就可以诊断。症状诊断具有实用价值和实践意义。

根据症状的特点，先区别是伤害还是病害，再区别是非侵染性病害还是侵染性病害。非侵染性病害没有病症，常成片发生。侵染性病害大多有明显的病症，常零散分布。

但是病害的症状并不是固定不变的。同一种病原物在不同的寄主上，或在同一寄主的不同发育阶段，或处在不同的环境条件下，可能会表现出不同的症状，此现象称同原异症。如梨胶锈菌为害梨和海棠叶片产生叶斑，在松柏上使小枝肿胀并形成菌瘿；立枯丝核菌在幼苗木质化以前侵染，表现猝倒症状，在幼苗木质化后侵染，则表现立枯症状。不同的病原物也可能引起相同的症状，此现象称同症异原。如真菌、细菌，甚至霜害都能引起李属植物穿孔病；植原体、真菌和细菌都能引起园艺植物的丛枝症状；缺素症、植原体和病毒病等都能引起园艺植物表现黄化。因此，仅凭症状诊断病害，有时并不完全可靠。常常需要对发病现场进行系统地、认真地调查和观察，进一步分析发病原因或鉴定病原物。鉴定病原物通常采用显微镜观察病原物的形态，进行检查诊断的方法。

3. 病原物的显微观察

组织中的菌丝、孢子梗、孢子或子实体进行镜检。根据病原真菌的营养体、繁殖体的特征等，来决定该菌在分类上的地位。如果病症不够明显，可放在保湿器中保湿 1～2 天后再镜检。细菌病害的病组织边缘常有细菌呈云雾状溢出。病原线虫和螨类，均可在显微镜下看清其形态。植原体、病毒等在光学显微镜下看不见，需在电子显微镜下才能观察清楚其形态，一般需经汁液接种、嫁接试验、昆虫传毒等试验确定。某些病毒病可以通过检查受病细胞内含体来鉴定。生理性病害虽然检查不到任何病原物，但可以通过镜检看到细胞形态和内部结构的变化。

如果显微镜检查诊断遇到腐生菌类和次生菌类的干扰，所观察的菌类还不能确定是否是真正的病原菌时，必须进一步使用人工诱发试验的手段。

4. 人工诱发试验

人工诱发试验即从受病组织中把病菌分离出来，人工接种到同种植物的健康植株上，以诱发病害发生。如果被接种的健康植株产生同样症状，并能再一次分离出相同的病菌，就能确定该菌为这种病害的病原菌。德国动物医学家柯赫（Koch）将以上过程概括为柯赫氏法则。

5. 诊断植物病害时应注意的问题

植物病害的症状是复杂的，每种植物病害虽然都是自己固定的、典型的特征性症状但也有易变性。因此，诊断病害时，要慎重注意如下几个问题：

（1）不同的病原可导致相似的症状。如桃、樱花等园艺植物的霉菌性穿孔病与细菌性穿孔病不易区分；萎蔫性病害可由真菌、细菌、线虫等病原引起。

（2）相同的病原在同一寄主植物不同的发病部位，表现不同的症状。如苹果轮纹病危害枝干时，形成大量质地坚硬的瘤状物，造成“粗皮病”，危害果实，则使得果面上产生同心轮纹状的褐色病斑（见图 2-13、图 2-14）。

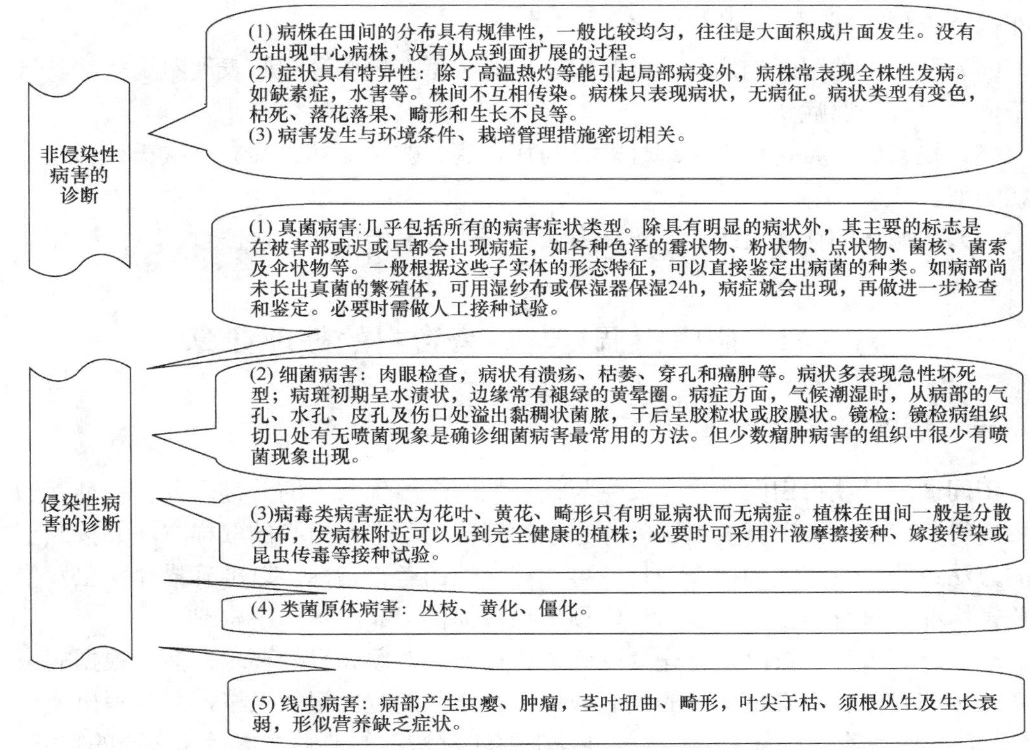

非侵染性病害的诊断

(1) 病株在田间的分布具有规律性，一般比较均匀，往往是大面积成片面发生。没有先出现中心病株，没有从点到面扩展的过程。
(2) 症状具有特异性：除了高温热灼等能引起局部病变外，病株常表现全株性发病。如缺素症，水害等。株间不互相传染。病株只表现病状，无病征。病状类型有变色，枯死、落花落果、畸形和生长不良等。
(3) 病害发生与环境条件、栽培管理措施密切相关。

侵染性病害的诊断

(1) 真菌病害:几乎包括所有的病害症状类型。除具有明显的病状外，其主要的标志是在被害部或迟或早都会出现病症，如各种色泽的霉状物、粉状物、点状物、菌核、菌索及伞状物等。一般根据这些子实体的形态特征，可以直接鉴定出病菌的种类。如病部尚未长出真菌的繁殖体，可用湿纱布或保湿器保湿24h，病症就会出现，再做进一步检查和鉴定。必要时需做人工接种试验。

(2) 细菌病害：肉眼检查，病状有溃疡、枯萎、穿孔和瘤肿等。病状多表现急性坏死型；病斑初期呈水渍状，边缘常有褪绿的黄晕圈。病症方面，气候潮湿时，从病部的气孔、水孔、皮孔及伤口处溢出黏稠状菌脓，干后呈胶粒状或胶膜状。镜检：镜检病组织切口处有无喷菌现象是确诊细菌病害最常用的方法。但少数瘤肿病害的组织中很少有喷菌现象出现。

(3)病毒类病害症状为花叶、黄花、畸形只有明显病状而无病症。植株在田间一般是分散分布，发病株附近可以见到完全健康的植株；必要时可采用汁液摩擦接种、嫁接传染或昆虫传毒等接种试验。

(4) 类菌原体病害：丛枝、黄化、僵化。

(5) 线虫病害：病部产生虫瘿、肿瘤，茎叶扭曲、畸形，叶尖干枯、须根丛生及生长衰弱，形似营养缺乏症状。

图 2-13　植物病害诊断方法

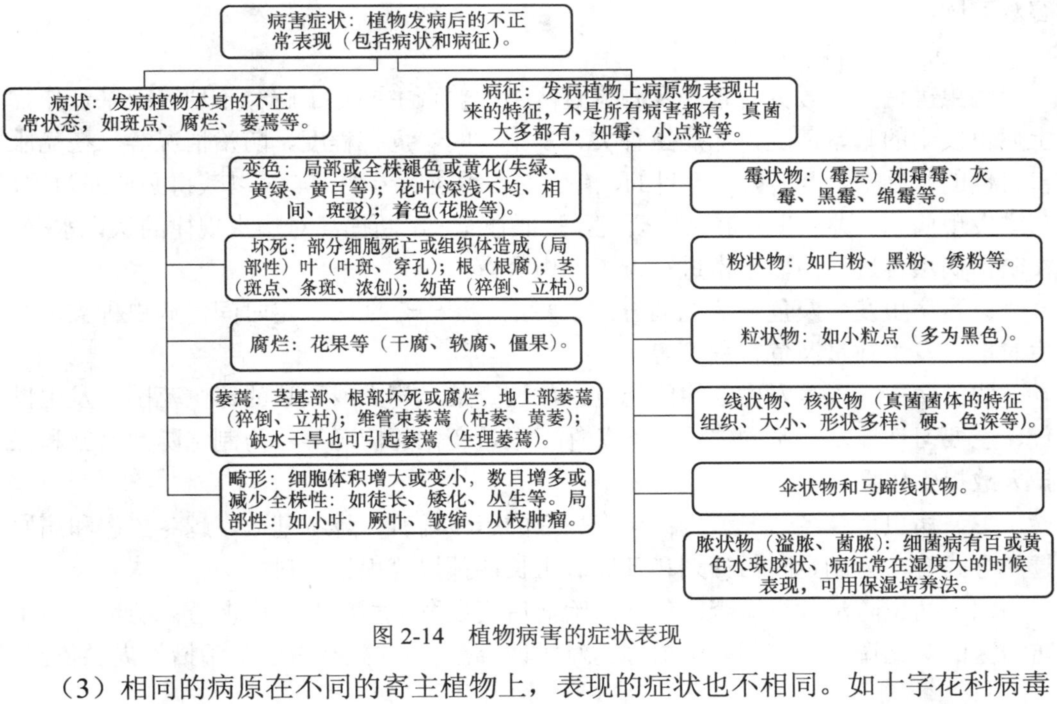

病害症状：植物发病后的不正常表现（包括病状和病征）。

病状：发病植物本身的不正常状态，如斑点、腐烂、萎蔫等。

- 变色：局部或全株褪色或黄化(失绿、黄绿、黄百等)；花叶(深浅不均、相间、斑驳)；着色(花脸等)。
- 坏死：部分细胞死亡或组织体造成（局部性）叶（叶斑、穿孔）；根（根腐）；茎（斑点、条斑、浓创）；幼苗（猝倒、立枯）。
- 腐烂：花果等（干腐、软腐、僵果）。
- 萎蔫：茎基部、根部坏死或腐烂，地上部萎蔫（猝倒、立枯）；维管束萎蔫（枯萎、黄萎）；缺水干旱也可引起萎蔫（生理萎蔫）。
- 畸形：细胞体积增大或变小，数目增多或减少全株性：如徒长、矮化、丛生等。局部性：如小叶、厥叶、皱缩、从枝肿瘤。

病征：发病植物上病原物表现出来的特征，不是所有病害都有，真菌大多都有，如霉、小点粒等。

- 霉状物：（霉层）如霜霉、灰霉、黑霉、绵霉等。
- 粉状物：如白粉、黑粉、锈粉等。
- 粒状物：如小粒点（多为黑色）。
- 线状物、核状物（真菌菌体的特征组织、大小、形状多样、硬、色深等）。
- 伞状物和马蹄线状物。
- 脓状物（溢脓、菌脓）：细菌病有百或黄色水珠胶状、病征常在湿度大的时候表现，可用保湿培养法。

图 2-14　植物病害的症状表现

（3）相同的病原在不同的寄主植物上，表现的症状也不相同。如十字花科病毒病在白菜上呈花叶，萝卜叶呈畸形。

（4）环境条件可影响病害的症状，腐烂病类型在气候潮湿时表现湿腐症状，气候干燥时表现干腐症状。

（5）缺素症、黄化症等生理性病害与病毒病、类菌原体、类立克次氏体引起的症状类似。

（6）在病部的坏死组织上，可能有腐生菌，容易混淆和误诊。

第三节　病虫害调查与调查资料的整理计算

一、病虫害调查

田间调查是获得田间病虫害发生与危害程度之准确情报的关键。要获得准确的病虫资料，就必须在了解病虫田间分布型的基础上，选用恰当的取样方法并按照正确的方法系统记载有关的调查项目，再计算合理的考查指标，以准确描述病虫发生和危害情况。只有这样，才能为正确预测预报提供可靠的第一手资料。

在进行病虫害调查时，首先要明确调查任务、对象和目的要求，然后根据病虫的特点和调查内容，确定适当的调查项目、方法和制定出记载表格，并且写出调查计划，做好调查前的准备工作。调查过程中要注意一定的调查样本量和必要的重复。调查要有实事求是的态度，调查后对所获得的材料要分析研究，使它能准确地反映客观实际。

1．病虫害调查的内容

病虫害调查一般分普查和专题调查两类。普查主要是了解一个地区或某一作物上病虫发生的基本情况，如病虫种类、发生时间、危害程度、防治情况等。在克服盲目性的基础上，再根据一定目的，有针对性地进行专题调查，以获得必要的数据，从中发现问题，进一步开展试验研究，验证补充，不断提高对病虫规律的认识水平。在防治病虫害过程中，最常进行调查的内容有：

（1）病虫发生及危害情况调查：主要是了解一个地区一定时间内病虫种类、发生时期、发生数量及危害程度等。

（2）病虫、天敌发生规律的调查：如调查某一病虫或天敌的寄主范围、发生世代、主要习性以及在不同农业生态条件下数量变化的情况等，为制定防治措施和保护天敌提供依据。

（3）病虫害越冬情况调查：调查病虫的越冬场所、越冬基数、越冬虫态和病原越冬方式等，为制定防治计划和开展病虫长期预报等积累资料。

（4）病虫防治效果调查：包括防治前后病虫发生程度的对比调查；防治区与不防治区的对比调查和不同防治措施的对比调查等，为寻找有效的防治措施提供依据。

2. 病虫害调查方法

（1）田间分布型：病虫在田间的分布类型主要有三种类型（见图 2-15）。

① 随机分布型：随机分布型是昆虫在田间呈稀疏的、个体间距离不等的、比较均匀的分布状态，调查取样时每个个体出现的概率相等，故取样点数可适当少些，样点相应大些。一般多采用对角线式或棋盘式随机取样调查。如菜粉蝶卵的分布。

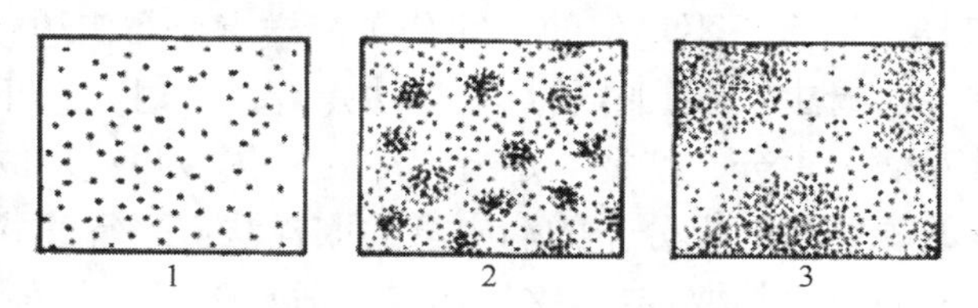

图 12-15　病虫的田间分布类型

1—随机分布；2—核心分布；3—嵌纹分布

② 核心分布型：核心分布型是昆虫在田间分布呈不均匀的状态，个体形成许多相同或不同大小的集团或核心，并向四周作放射状扩散蔓延，核心之间是随机分布的，而昆虫个体间是不随机分布，故取样时取样点数量可多一些而取样点可小一些。一般采用棋盘式或隔行式随机取样调查。如玉米螟幼虫和甘蓝夜蛾幼虫的田间分布等。

③ 嵌纹分布型：嵌纹分布型也是一种不随机分布。昆虫在田间呈不规则的疏密相间、密集程度极不均匀的嵌纹状态，通常由很多密度不同的随机分布混合而成，或由核心分布的几个核心联合而成。多采用“Z”形式或棋盘式随机取样调查。

（2）取样方法（见图 2-16）：

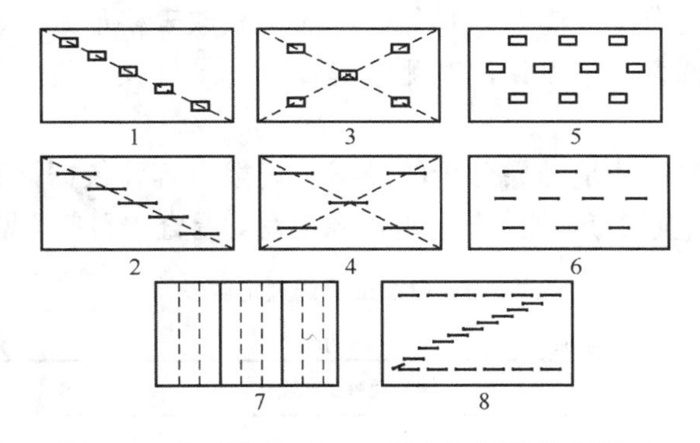

图 2-16　取样方法（1～6 都是指面积或长度）

1、2—单对角线式；3、4—双对角线式或五点式；5、6、7—棋盘式、平行线或抽行式；8—“Z”字形

① 5 点取样法：按面积、长度或以植株为单位选取样点，每块田取 5 个样点。适用于地块小、近方形、病虫分布较均匀情况下采用。5 点取样法是病虫害调查中应用最普遍的取样方式。

② 对角线取样，分为单对角线和双对角线两种。适用于病虫在田间分布比较均

匀的随机分布型。

③ 棋盘式取样，取样的样点数较多，适用于田块较大或较长方形田块，适用于随机分布型或核心分布型的病、虫调查。

④ 平行线取样，适合于成行的作物田。在田间每隔若干行调查1行，一般在短垄的地块可用此法；若垄长时，可在行内取点。这种方法样点较多，分布也较均匀。

⑤ "Z"形取样，适宜于不均匀的田间分布，样点分布田边较多，田中较少。如大螟在田边发生多，蚜虫、红蜘蛛前期在田边点片发生时，以采用此法为宜。

取样方法应针对病虫害分布特征而选择，其中5点、对角线和棋盘式取样法 适宜于密集的或成行的植物和随机分布的病虫害的取样法；平行线式取样适宜于成行的作物和核心分布的病虫害的取样；"Z"形取样适宜于嵌纹分布的病虫害的取样。

（3）取样数量：取样数量越多，所得估计值越接近自然种群数量。但限于人力、物力和时间，取样点数既不能过多，又不能过少，一般取5、10、15或20个样点为宜。

取样以长度为单位，常适用于调查条播密植作物和树木枝条上的病虫或受害程度；

取样以面积为单位，常适于调查密植作物和在地表生活的病虫或受害程度；

取样以体积或重量为单位，常适于调查地下害虫及益虫或受害程度；

取样以植株及其部分器官为单位，适于调查稀植植物上的病虫或受害程度。有时也以叶片、花、蕾、铃、茎、果实、穗等为单位；

调查较活泼而移动性大的昆虫，常以单位时间内采集或见到的虫量为表示单位。

3. 病虫害调查的记载方法

病虫害调查记载是调查中一项重要的工作，记载是分析情况、摸清问题和总结经验的依据。记载要准确、简要、具体，一般都采取表格形式。表格的内容、项目可根据调查目的和调查对象设计，对测报等调查，最好按照统一规定，以便于积累资料和分析比较。

田间调查数据的记载是结果分析的依据。记载内容要依据调查的目的和对象来确定。通常要求有调查日期、地点、调查对象名称、调查项目等（见表2-3和表2-4）。

表2-3 虫害田间调查记载表

调查时间： 调查地点： 植物名称： 害虫名称：

样点	株号及害虫数量															备注
	1	2	3	4	5	…	…	…	…	…	…	…	…	19	20	
Ⅰ																
Ⅱ																
Ⅲ																
Ⅳ																
Ⅴ																

表 2-4　病害田间调查记载表

调查时间：　　调查地点：　　植物名称：　　病害名称：

样点	株号及病害分级															备注
	1	2	3	4	5	…	…	…	…	…	…	…	…	…	19	20	
I … V																	

通常在进行群众性的预测调查时，根据虫（病）情，进行“两查两定”，对害虫：查虫口密度，定防治田块；查发育进度，定防治适期。对病害：查普遍率，定防治田块；查发病程度，定防治适期。例如，防治玉米螟要进行：查卵块，定防治田块，卵块多的定为防治田块。

表 2-5　玉米螟产卵及孵化情况调查记载表

调查日期	田块类型	作物生育期	调查株数	卵块数	百株平均卵块数	已孵和将孵卵块数			已孵和将孵卵块百分率	备注
						已孵卵块	有黑点卵块	合计		

4. 调查与监测方法

植物病虫的调查与监测的目的在于及时掌握当前的病虫发生时间、数量和分布。调查方法包括有生物学、物理学和化学等诸多方法，其中生物学方法主要根据病虫形态变化及其造成危害症状等进行调查与监测。

物理学方法：灯光诱测法、捕虫网和吸虫器捕捉法、空中病原菌孢子捕捉器诱测法、“3S”技术监测法［指遥感（RS）技术、地理信息系统（GIS）、全球定位系统（GPS）三项技术的集成应用］、雷达监测法、软 X 光机透视监测法等。

化学方法：很多害虫具有释放信息素的特性，或是对食物的化学成分具有嗜好性，或者对于某些化学物质偏爱的特点。可以利用这些特点进行害虫的监测。如信息素诱测法、趋化性诱测法（如糖醋诱）。

二、调查资料的计算和整理

调查中获得一系列数据和资料，必须进行整理、比较和分析，才能更好地反映实际结果，说明问题。

1. 常用调查计算公式

常用反映病虫发生和危害程度的统计计算方法，是求各样调查数据的平均数和百分数，计算公式如下：

（1）被害率：主要反映病虫危害的普遍程度。根据不同的调查对象，采取不同的取样单位。在病害方面；有病株率、病果率、病叶率等；虫害方面则称为被害率有虫株率、虫穗率、卷叶率等。

$$发病率或被害率（\%）=\frac{发病（有虫）单位数}{调查单位数}\times100\%$$

（2）虫口密度：

① 表示在一个单位内的虫口数量，通常折算率每亩虫数。

$$虫口密度=\frac{调查总虫数}{调查总单位数}\times每亩单位数$$

② 虫口密度也可用百株虫数表示：

$$虫口密度（\%）=\frac{调查总虫数}{调查总株数}\times100$$

（3）病情指数和严重率：在植株局部被害情况下，各受害单位的受害程度是有差异的。因此，被害率就不能准确地反映出被害的程度，对于这一类病（虫）情的统计，可按照被害的严重程度分级，再求出病情指数或严重率。

$$病情指数（\%）=\frac{（各级样本数（叶数）\times各级严重等级）的总和}{调查总样本数（叶数）\times最高级病情级数}\times100$$

$$严重率（\%）=\frac{（各级严重率\times各级叶数）}{调查病叶数}\times100$$

目前，各种病害分级标准尚未统一。调查时，可从现场采集标本，按病情轻重排列，划分等级。也可参照已有的分级标准，酌情划分使用（参见表2-6、表2-7）。

表2-6 枝、叶部病害分级标准

级别	代表值	分级标准
1	0	健康
2	1	1/4以下枝、叶感病
3	2	1/4-1/2枝、叶感病
4	3	1/2-3/4枝、叶感病
5	4	3/4以上枝、叶感病

表2-7 枝干病害分级标准

级别	代表值	分级标准
1	0	健康
2	1	病斑的横向长度占树干周长的1/5以下
3	2	病斑的横向长度占树干周长的1/5-3/5
4	3	病斑的横向长度占树干周长的3/5以上
5	4	全部感病或死亡

从病情指数和严重率的数值可以看出，它比发病率更能代表受害的程度。在害虫方面，也可以用分级记载的方法，统计计算其严重率或虫害指数，用以更准确地反映受害程度。

例如，对食叶害虫分 3 级的标准一般是：1 级：受害轻，叶子被吃去 25%以下；2 级：受害中等，叶子被吃掉 25%~50%；3 级：受害严重，叶子被吃去 50%以上；

2. 损失情况估计

除少数病虫其危害率造成的损失很接近以外，一般病虫的病情（虫害）指数和被害率都不能完全说明损失程度。损失主要表现在产量或经济收益的减少。因此，病虫危害造成的损失通常用生产水平相同的受害田和未受害田的产量或经济总产值的对比来计算，也可用防治区与不防治的对照区的产量或经济总产值的对比来计算。

$$损失率（\%）=\frac{未受害田平均产量或产值-受害田平均产量或产值}{未受害田平均产量或产值}\times 100$$

$$损失率（\%）=\frac{防治区产量-不防治区产量}{防治产量区}\times 100$$

此外，也可根据历年资料中具体病虫危害程度与产量的关系，通过实地调查获得的虫口和被害率等估计损失。

（1）加权计算法：一般统计调查数据时，多用常用算法计算平均数，如果所调查的资料变数较多，则可以改用加权法计算比较简便。即将变数值相同出现的次数作为权数，用各变数与权数乘积的综合来计算平均数。

$$加权平均数=\frac{（各变数\times 次数）的总和}{各次数的总和}$$

有些调查资料，各个变数所占的比重不同时，更应该采用加权法计算其平均数，此时的权数便是各变数的比重，这样才能较准确地反映实际情况。

（2）调查资料的整理：田间调查所获取的数据资料，根据前述公式进行整理与计算，虫害要算出虫口密度和有虫株率，病害要算出发病率和病情指数，并填写结果整理的相关表格（如表 2-8 和表 2-9）。通过对病虫害发生的普遍程度和严重程度的比较，并结合相关的气候资料，分析病虫害的发展趋势，指导测报和防治。

表 2-8　虫害调查结果整理表

调查日期	调查地点	植物名称	害虫名称	调查总株数	调查总面积	活虫总数量	有虫总株数	有虫株率	单株虫口密度	单位面积虫口密度

表 2-9 病害调查结果整理表

调查日期	调查地点	植物名称	病害名称	调查总株数	调查总面积	感病总株数	发病率	严重度分级及各级株数					病情指数
								0	1	2	3	4	

三、病虫害预测预报

防治病虫害必须掌握敌情，做到胸中有数，才能抓住有利时机，做到主动、及时、准确、经济、有效。

（一）预测预报的内容

预测的内容决定于防治工作的需要，大致可分为以下三个方面：

1. 发生时期的预测

防治病虫，消灭危害，关键在于掌握好防治的有利时机。病虫发生时期因地制宜，即使是同种病虫、同一地区也常随每年气候条件而有所不同。所以对当地主要病虫进行预测，掌握其始发期、盛发期和终止期，抓住有利防治时机，及时指导防治具有重要意义。

2. 发生数量的预测

病虫害发生的数量是决定是否需要进行防治和判断危害程度、损失大小的依据。在掌握了发生数量之后，还要参考气候、栽培品种、天敌等因素，综合分析，注意数量变化的动态，及时采取措施，做到适时防治。

3. 发生趋势的预测

主要是预测病虫分布和扩散蔓延的动向。许多危险性病虫，如黏虫、棉蚜等都有它的发生基地，然后，由此逐渐扩展蔓延。了解病虫发生动向有利于作好防治准备，及时把病虫消灭于蔓延之前。

（二）病虫预测的种类

依预测时间的长短，一般分为短期、中期和长期三类。

短期预测：预测近期内病虫发生的动态，如对病虫的发生时间、数量以及危害情况等。

中期预测：一般是根据近期内病虫发生的情况，结合气象预报、栽培条件、品种特性等综合分析，预测下一段时间的发生数量、危害程度和扩散动向等。对于重点病虫在全面发生期，都应进行中期预测。

长期预测：一般是属于年度或季节性的预测。通常是在头一年末或当年年初，根据历年病虫害情况积累的资料，参照当年病虫害发生有关的各项因素，如作物品种、环境条件、病虫存在数量以及其他有关地区前一时期病虫发生的情况等，来估计病虫发生的可能性及严重程度，供制定年度防治计划时参考。长期预测由于时间长、地区广，进行起来较复杂，须有较长时间的参考资料和积累较丰富的经验，同时对于病虫发生的规律要有较深刻地了解。

预报的种类依其性质，一般可范围内通报、补报及警报等。

通报即一般预报。主要针对某些重要病虫在进行预测分析之后，编写出病虫情报，印成书面材料，通报出去。其目的是让有关单位能事先了解到病虫发生情况和发生趋势，有更多的时间作好预防准备，并供编订或修订防治计划，安排防治措施的参考依据。

补报属于补充性质的预报。一般在发出虫（病）情通报之后，还要根据实际情况，如气象条件，病虫消长等情况的变化，发出一次或几次补充预报，其目的在于进一步准确地提供虫（病）情，正确地指导防治。

警报属于紧急性质的预报。即当所预测的虫（病）情已达到防治指标时，要立即发出警报，及时组织开展防治工作。

（三）预测方法

1. 田间实际调查

在田间实际调查病虫发生的时期、发生数量和危害程度，是最常应用的预防方法。根据调查对象、调查内容的不同，田间预防调查方法有：

（1）查越冬基数：越冬病虫存留的数量是下年发生病虫的基础。一般是秋后冬初在病虫主要越冬场所进行调查，统计出每平方米和每亩越冬虫量或百株（茬）虫数、带菌率等，作为预测来年病虫发生的依据。

（2）查越冬存活量：目的在于查越冬期间，害虫和病菌死亡情况及存活下来的总量。以便分析病虫害发生消长趋势。如对麦茎蜂在春季化蛹前，调查越冬幼虫存活虫量。可随机取样，每点调查100～200株，调查其中活、死幼虫数。计算出越冬后存活率。

$$越冬后存活率（\%）=\frac{冬后平均百株活虫率}{冬前平均百株活虫数}\times 100$$

（3）查害虫发育进度：调查越冬或田间发生幼虫、蛹或卵等各虫态的发育进度，目的在于预测或推断出有利于防治的时期。例如，调查幼虫的发育进度，计算出各期的化蛹率，定出化蛹率，定出化蛹期、盛期，再根据化蛹盛期和蛹期天数，推算出羽化和产卵盛期，这样就可以较早地预防到应该开始防治的日期。各虫期发育进度计算公式是：

$$化蛹率（\%）=\frac{活蛹期+蛹壳数}{总活动数（幼虫+蛹+蛹壳）}\times 100$$

$$羽化率（\%）=\frac{蛹壳数}{总成活数（幼虫+蛹+蛹壳）}\times100$$

化蛹盛期系指化蛹虫数达 50%的时间；羽化盛期系指羽化虫数达 50%的时间。

（4）查卵：田间的卵量是幼虫发生量的基础。一般来说，落卵量大，其幼虫发生数量就多，危害也重。因此，查清产卵时期、落卵数量，是一项重要的调查内容。有些虫害的防治，主要是根据落卵情况决定的。如棉铃虫的卵量骤然上升，百株卵量达 15 粒左右，就要紧急发出预报，立即开展防治。

田间查卵也应进行系统观察，找出在不同温度条件下的平均卵期和孵化始、盛、末期，进而推断幼虫的出现日期，为适时防治幼虫提供依据。孵化率的计算是：

$$当天孵化率（\%）=\frac{至当天卵孵化累计数}{当天累计卵数}\times100$$

$$全代孵化率（\%）=\frac{全代卵孵化累计数}{全代卵总数}\times100$$

（5）查危害虫口数量：农业害虫有的只是在幼虫期危害，有的成虫和幼虫（或若虫）龄期，对于预测虫情、确定是否防治很重要。所调查害虫的虫口数量达到防治指标时，即应立刻发出预报，开展防治。

2. 物候预测法

物候是指各种生物现象出现的季节规律性，是季节气候（如温度、湿度、光照等）影响的综合表现。各种物候之间的联系是间接的，是通过气候条件起作用的，但是要进行预报，仅仅注意与害虫发生在同一时间的物候是不够的，必须把观察的重点放在发生期以前的物候上。为了积累这方面的资料，测报工作人员应该在观察害虫发育进度的同时经常留意记录各种动植物的物候期（如吐芽、初花、盛花、展叶等），用简明符号标出，经过多年积累，从中找出与害虫发生期联系密切，可用作预报的物候指标。

3. 期距预测法

害虫由前一个虫态发育到后一个虫态或由前一世代发育到下一世代；病害从侵入到发病期或从田间出现发病中心到扩展全田，都要经过一定的时间，这一时期所需的天数称为期距。通过调查研究掌握病虫发生时期加上期距天数，推断出后一阶段病虫的发生时期。但期距的长短，常因营养条件、气候条件等影响而发生一定的变化。施药利用期距法预测病虫的发生，应根据各地历年观察的有关期距的平均数和置信区间（用统计方法求出一定可靠程度的估计范围，再参考当年气象预报等条件来估计）。例如，小地老虎越冬代成虫出现盛期到第一代卵孵化盛期将在 4 月 30 日左右出现，幼虫危害盛期将出现在 5 月 10 日以后。

4. 有效积温法

主要用来预测害虫某一虫态的发生时期或害虫发生的世代数以及控制害虫的发

育进度。有效积温公式：$K=N(T-C)$。

在应用时，首先要有预测对象的有效积温常数和发育起点温度，这样可以利用有效积温的方法进行预测工作。

研究害虫发育起点温度和有效积温的简便方法，是把害虫新产品的卵或其他任何一个虫态，放在适温范围内的两个不同恒温（T_1和T_2）条件下饲养，逐日观察记录其完成一个虫期发育起止日期，算出他们发育所经过的天数（N_1和N_2）。由于同种害虫或同一虫态发育的有效积温是一个常数，由此可知发育起点的公式：

$$C(\text{发育起点温度})=\frac{N_2T_2-N_1T_1}{N_2-N_1}$$

求出发育起点温度后，将C值代入有效积温公式，即可求出有效积温K。

例如，把黏虫2幼龄放在17℃和22℃两种温度下观察，其发育日期分别为6天和4天，则其发育起点温度为：$C=（6\times17-4\times22）/（6-4）=7$ 有效温度：$K=6（17-7）= 6\times10=60$（日度）。

采用这种办法饲养观察的虫量要多一些，这样才能使实验计算的平均值接近于实际情况，减少误差。

（1）昆虫世代数的预测：一年多代的昆虫在不同地区，因温度差异，其世代也会不同。知道了某种昆虫完成一个世代的有效积温（K）和该地区全年有效积温的总和（K_1），就可以推算出这种昆虫在该地区一年中发生的代数（N）。

$$N=K_1/K$$

（2）发生期预测：为了将黏虫消灭在3龄之前，已知2龄幼虫发育起点温度是7℃，有效积温度为 60 日度，当时的平均气温是 20℃，其发育所需的天数根据$N=K/T-C$公式计算求得$N=60/（20-7）=4.6$（天）。

说明在当时气温条件下，幼虫约经4~5天就可以完成发育。此时如果田间调查的虫数已达到防治指标，就可有充足的时间将其消灭在3龄之前。

5. 诱集预测法

诱集法主要是利用害虫的趋光性、趋化性以及取食、潜藏、产卵等习性，进行诱集的方法。

（1）灯光诱集预测法：电灯、汽灯等均可用作诱集害虫的光源。但以黑光灯的诱集效果为最高。黑光灯对于多种蛾类如夜蛾、螟蛾、天蛾以及蝼蛄、叶蝉、金龟甲等都有很强的诱集力。

（2）嗜物诱集预测法：利用害虫对某种嗜物气味的强烈趋化性，可以诱集预测害虫发生期和数量消长情况，如预测调查黏虫、小地老虎、甘蓝夜蛾等成虫的发生时期和数量，一般都用糖醋液作为诱蛾剂，液中加总液量1%的杀虫剂。

（3）性诱预测法：利用雌虫的性信息素来诱集雄虫的方法，叫性诱预测法。许多害虫都可用此法进行预测，如黏虫、小地老虎、棉铃虫以及金龟甲等害虫。利用性引诱来预测害虫的发生，目前常用的方法有以下几种：活体引诱法将未交配的活雌虫放于性诱笼或性诱瓶中、粗提物性信息素引诱法、合成性信息素引诱法等。

（四）病虫情报的编写

在进行实际观测之后，为了及时反映虫（病）情，指导群众不失时机地开展防治，应根据测报结果加以综合分析，编写出病虫情报，通过广播、黑板报、印刷品和电话、电子邮件等通报出去。

编写病虫情报的内容一般包括以下信息：每次重点报 1～2 种主要病虫，先简单介绍它们的危害性和发生特点，然后报道近来病虫发生情况，并与过去（历年资料）对比，说明发生早晚和轻重，再结合气象、作物和天敌等条件进行分析，做出发生期或发生程度，以及发生趋势的估计，最后提出有关防治时期和防治方法的建议。防治后进行防效调查（样稿见图 2-17）。

病虫情报

站名　　　　第　期　　　　年　月　日

- 题目：（开门见山，突出目标）
  褐飞虱、纹枯病防治
- 正文：（按病虫害分段写）内容包括病虫高峰日及虫量，与往往年比偏高或偏低，作物品种长势与害虫的关系，气候情况如何。突出防治的重要性与紧迫性。如何防治，推荐药剂，用药时间，用药量，施药方式，用药注意事项（如安全问题）等。下阶段需可能造成危害的病虫害。

图 2-17　病虫情报样稿

年终进行全年度病虫害发生情况汇总分析，预测下年度各害虫的发生趋势，做好下年度的准备工作（样稿见图 2-18）。

植物病虫情报

测报专号 第 一 期

全国农业技术推广服务中心　　　　二〇〇二年三月二十日

2002年农作物重大病虫发生趋势预报

预计2002年全国农作物病虫害将较重发生，其中东亚飞蝗、稻螟虫、小麦条锈病、棉铃虫、玉米螟、北方土蝗、斑潜蝇等病虫呈严重发生态势，其它病虫发生相对较轻。

1、小麦病虫总体发生平稳，条锈病等偏重流行

小麦虫害将以蚜虫、红蜘蛛和吸浆虫发生为主，预计发生面积约3．9亿亩，病害以条锈病、纹枯病、白粉病和赤霉病等为主，发生约3．5亿亩。条锈病、吸浆虫等有加重发生趋势。条锈病在甘肃陇南和天水、川西北、川中和攀西等西南大部发生5级，陕南、湖北江汉平原和鄂北麦区有4级流行可能，陕西关中、河南和鲁西南麦区3级程度流行，发生面积5000万亩。纹枯病在黄淮...

6、土蝗、草地螟等旱作病虫在局部地区发生较重

土蝗在我国北方大部地区严重发生，其他地区发生面积和程度呈上升趋势。全国发生面积约9000万亩。玉米螟在东北春玉米种植区大部发生4级，其它地区为3级或以下程度发生。全国发生面积累计约1．8亿亩。草地螟发生呈上升趋势，一代幼虫首先在北方农牧区中西部暴发为害，发生虫量和程度明显重于2001年。预计发生面积3 000多万亩(次)。粘虫东北、华北等北方地区仍呈2级以下程度发生。玉米叶螨、玉米蚜等在一些地区发生有加重趋势。

病虫测报处

预报：集体会商　　核稿：张跃进、汤金仪　　签发：栗铁申

地址：北京100026麦子店街20号Email：cebaochuagri．gov．cn
打印；500份

图 2-18　植物病虫情报样稿

思　考　题

1. 昆虫两种主要口器类型及其与防治的关系是什么？
2. 了解昆虫的世代和年生活史对防治有哪些帮助？
3. 昆虫有哪些习性？了解昆虫习性在害虫的防治和利用中有何意义？
4. 什么是趋性？趋性有哪些类型？了解昆虫的趋性有何意义？
5. 植物侵染性病害是怎样发生的（如何理解病害三因素的关系）？
6. 植物病害的症状类型及特点是什么？
7. 病原物的越冬、越夏场所有哪些？
8. 植物病害流行的条件是什么？
9. 病虫在田间的分布类型主要有哪三种类型？
10. 病虫害的田间取样有几种方法？
11. 病虫害预测方法有几种？

实训任务一　常见的植物害虫的识别

【任务描述】北京市植物病虫害普查，需要京郊农业种植大户参与此次活动，要求参加者具备以下几项技能：能识别常见植物害虫及天敌昆虫，能根据危害状大致判定害虫种类，能对采集的数据进行简单分析、处理，能吃苦耐劳。

【任务要求】通过本工作任务的学习，借助简单的仪器设备，查阅相关的文献资料，能够对危害植物的常见害虫进行识别。

【任务实施】

（1）当采到一种害虫时，从外形和大小上首先判断是昆虫还是非昆虫；

（2）非昆虫从蛞蝓、螨或其他动物来推断；

（3）昆虫若是成虫用毒瓶毒死，幼虫放入到培养皿内；

（4）对照下面图 2-19 和图 2-20 或借助昆虫成虫、幼虫检索表（必要时可借助专业技术人员的放大镜或体视显微镜进行观察），参考本章内容及相关资料，完成表 2-10。

表 2-10　昆虫识别鉴定记录表

虫态	危害植物	危害部位	口器类型	触角类型	翅特征	足特征	其他特征

确定出害虫种名为：____________________

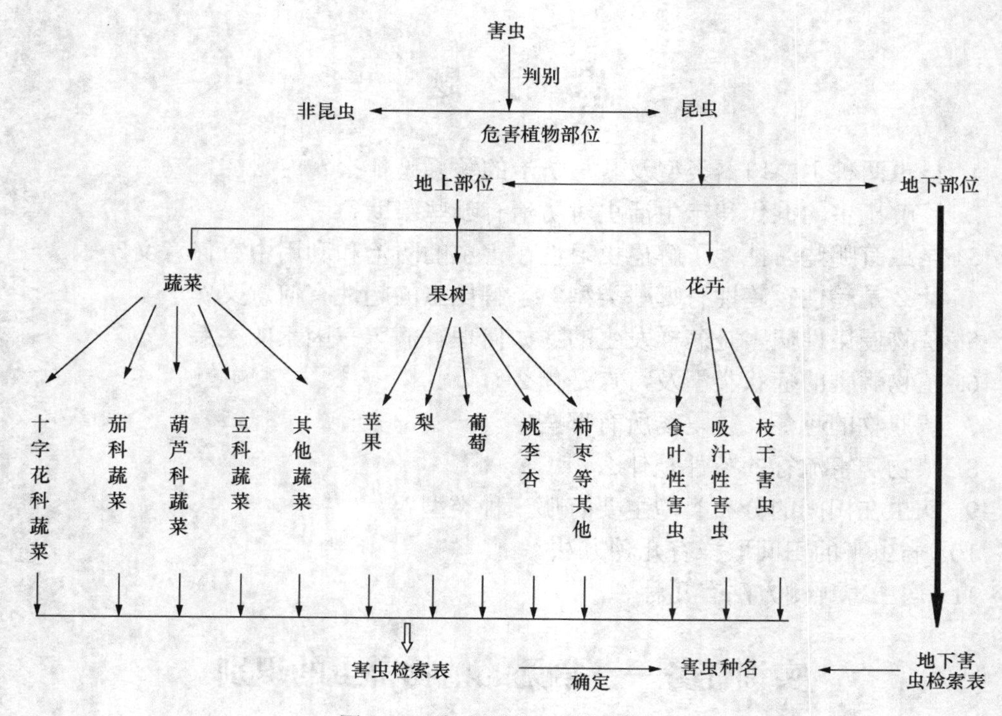

图 2-19 害虫识别工作流程图 1

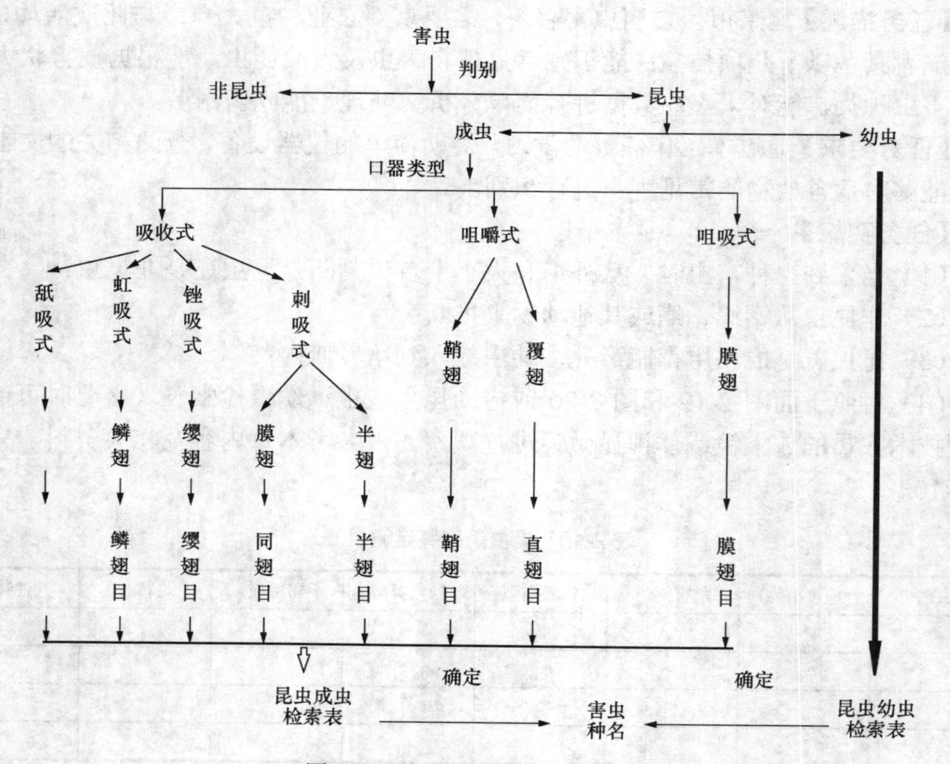

图 2-20 害虫识别工作流程图 2

实训任务二　常见植物病害的诊断

【任务描述】北京市植物病虫害普查，需要京郊农业种植大户参与此次活动，要求参加的种植大户需要具备以下几项技能：能识别常见园艺植物病害的病状、病征，具备一般病害的诊断能力，能对采集的数据进行简单分析、处理，能吃苦耐劳。

【任务要求】通过本工作任务的学习，借助仪器设备，查阅相关的文献资料，能够对危害园艺植物上的病害进行识别，并且掌握园艺植物一般病害的诊断和鉴定方法，并能根据相应的病害结合所学知识提出可能的防治措施。

【任务实施】

（1）当采到或观察到危害园艺植物的一种病害时，经过现场观察和症状观察，从表面上首先判断是侵染性病害还是非侵染性病害；

（2）非侵染性按其发生原因来推断；

（3）侵染性先从症状观察，再借助科技人员的显微镜进行病原物观察，初步推断；

（4）必要时在科技人员的引导下进行人工诱发试验（原生物的分离培养和接种），在放大镜或光微镜下进行观察，参考及其他相关资料完成诊断（见图 2-21）。

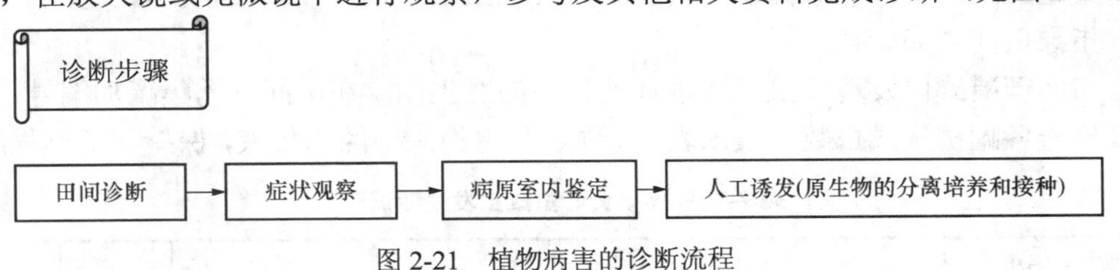

图 2-21　植物病害的诊断流程

实训任务三　病虫害调查与调查资料的整理计算

【任务描述】北京市植物病虫害普查，需要京郊农业种植大户参与此次活动，要求参加的种植大户需要具备以下几项技能：能在教师的指导下进行病虫害调查与调查资料的整理计算，本任务以梨小食心虫为例。

【任务要求】通过本工作任务的学习，掌握植物病虫害调查与调查资料的整理计算，并结合当地实际情况，编写当地某种植物的虫情情报，提出有关防治时期和防治方法的建议。

【任务实施】梨小食心虫的预测。

（1）获取任务，分析任务。

（2）分组调查（田间调查法、糖醋液诱集法、查卵测报法）。

（3）分析统计数据。

（4）编写简单虫情情报并制定防治方案。

相关材料工具：

（1）材料：杀虫剂、诱芯、糖醋液、被害植物桃树；

（2）工具：标本采集用具，记载本、铅笔，计数器、放大镜、挑针、镊子、酒精瓶、自制毒瓶、手套、口罩、工作服。

梨小食心虫的预测：

（1）田间调查法：在历年梨小食心虫为害比较严重的果园做调查地点，从 4 月下旬每隔 3～5 天在树上用撬树皮的方法，调查化蛹及羽化情况。每次调查取虫 50 个（包括老熟幼虫、蛹皮、蛹）。

表 2-11　梨小食心虫越冬幼虫化蛹及羽化进度调查

日期（年/月/日）	调查总虫数	幼虫		蛹		蛹皮		注
		数	%	数	%	数	%	

（2）糖醋液诱集法 4～6 月末在桃园设置糖醋液诱集罐。一般果园设置 10～20 个诱集罐。此法可准确掌握越冬代及第二代成虫发生期，预测梨小食心虫卵的发生期，指导田间查卵始期。

田间糖醋罐内发现成虫，即进行调查卵的发生期。在田间挂诱集罐加编号，每日晨检查各罐诱集成虫数并填入表中。要经常更换罐中的诱集液，保持其新鲜程度。

表 2-12　梨小食心虫成虫发生期调查

日期（年/月/日）									
诱集成虫数									
编号									

（3）查卵测报法　在上年受害的果园选定 10 株，从发现卵开始，每 3～5 天调查一次，每次每株随机取样 100 个果。查卵时重点查果面上的卵粒数，记载卵果数、卵粒数及蛀入果数，结果记入表中。

表 2-13　梨小食心虫产卵和蛀果时期调查

日期（年/月/日）	调查果数	总果数	卵果		蛀果		注
			数	%	数	%	

第三章 综合防治

【知识目标】

1. 了解综合防治的概念和综合防治方案的制订原则。
2. 了解当地主要作物病虫害发生情况及综合防治现状。

【技能目标】

1. 能够应用植物检疫、农业防治、生物防治、物理机械防治、化学防治五大防治方法。
2. 能够完成综合防治计划的起草。
3. 能够落实综合防治措施的实施。

第一节 病虫害综合防治原理

一、综合防治的概念

1. 综合防治的定义

1975年，我国农林部召开的“新乡会议”阐明了综合防治的基本概念，即“综合防治是从生物与环境的整体观念出发，本着‘预防为主’的指导思想和安全、有效、经济、简易的原则，因地因时制宜，合理运用农业的、化学的、生物的、物理的方法，以及其他有效的生态手段，把害虫控制在不足以为害的水平，以达到保证人畜健康和增产的目的”。

有害生物综合治理（integrated pest management，IPM）是从“综合防治”发展起来的。

2. 综合防治的基本观点

无论国内提出的‘综合防治”还是国外流行的“有害生物综合治理（IPM）”，两者的基本含义是一致的。都充分地表明了生态学、经济学和环境保护学三个基本观点。

（1）生态学观点：防治害虫要从整个农业生态系统去考虑，充分地发挥自然控调因素对害虫的控制作用，防治方法要做到多样性、协调性。防治的目的最终使农业生态系统稳定。防治的结果是把害虫控制在经济受害允许水平之下，而不是将其从生态系统中消灭掉。

（2）经济学观点：生态学观点是害虫防治的前提，在此基础上还要认识到害虫防治是一项经济行为，也就是说防治害虫要讲成本核算，算经济账，要用最小的成本来获得最大的利益。不能“见虫就治，一治就想治了”。当害虫的虫口密度达到防治时期和防治指标时才能进行防治，并将害虫的虫口密度控制在经济受害水平以下就行。

（3）环境保护学观点：进行害虫防治一定要有环保意识，不能在防治害虫的同时，又产生了“三 R”等环境不相容现象，以保证农业生态系统和整个生物圈的生态平衡和稳定。

3. 综合防治的其他观点

（1）全部种群治理（total population management，TPM）：主张用各种有效手段，将害虫彻底消灭，用于卫生害虫。

（2）区域（大面积）种群治理（area-wide population management，APM）：观点是要采用综合防治的方法来防治病虫害，但防治结果要偏重于全部种群治理。

（3）有害生物的合理治理（rational pest management，RPM）：在把害虫看作农业生态系中的一个组分和主张多战术思想等方面与 IPM 策略基本相似。在目前情况下，化学防治应作为多战术中的主要战术，并主张尽量彻底消灭害虫。

（4）有害生物的生态管理（ecological pest mamagement，EPM）：要做到害虫的持续控制，就必须从保持系统的长期稳定入手，一切防治措施都必须有利于系统的长期稳定，现行的综合管理还不能完全满足这方面的需要，为此 Tshernyshev（1995）提出了有害生物或害虫的生态管理（EPM）新观点。

尽管有多种新策略和观点，但 IPM 仍然是当前国际上被普遍接受的防治策略。也完全符合可持续发展观点。我国将坚持“预防为主，综合防治”的植保方针。

二、综合防治方案的类型

1. 以个别有害生物为对象的综合防治方案

即以一种主要病害或害虫为对象，制定该病害或害虫的综合防治方案。甘薯（又称地瓜、白薯、红薯），不但是营养丰富的保健食品，还有较大的药用价值，因此在近年来追求健康和长寿的热潮中，成了风靡各国的保健食品。然而甘薯茎线虫病的发生与防治是制约其发展的一个主要问题。我们可以针对这个问题制定一个“甘薯茎线虫病综合防治方案”，具体可参见下面方案内容（案例 1 蚜虫、菜青虫、甘薯茎线虫病综合防治方案）。

2. 以作物为防治对象的综合防治方案

即以一种作物所发生的主要病害或害虫为对象，制定该作物主要病虫害的综合防治措施，如下面的以苹果为例作的综合防治方案（案例 2 苹果病虫害综合防治方案）。

3. 以整个农田为对象的综合防治方案

即以某个地区农田为对象，制定该地区各种主要作物的重点病、虫、草、鼠等有害生物的综合防治措施，并将其纳入整个农业生产管理体系中去，进行科学系统的管理，如对某个乡镇的各种作物病虫害的综合防治方案（见案例 3 某村温室蔬菜、小麦、果树病综合防治方案）。

三、综合防治的基本要求和特点

1. 允许病虫害在经济受害允许水平下继续存在

以往害虫防治的目的在于消灭害虫，而综合防治摒弃了“有虫必治，一治就想治了”的观点，允许少量的害虫存在，以增加系统的物种多样性、遗传多样性和生态多样性，同时，可为天敌提供食料或中间寄主，增加天敌的种群数量，加强和维持自然控制，保证生态系统的稳定。

2. 以生态系统为管理单位

从生态系统出发，充分了解生态系统中各个因素的作用和相互关系，利用各种控制因素和防治措施，制订出最佳防治对策。

3. 充分利用自然控制因素

在昆虫世界中，植食性昆虫占 30%左右，其中，不足 10%的造成了为害，这主要是由于大多数害虫都存在着自然控制因子。害虫综合防治的观点就是要充分地利用这些对害虫起自然控制密度制约因素，提倡利用植物的抗虫性、利用害虫的天敌、利用昆虫生长调节剂、种间信息物质、昆虫辐射不育技术等控制害虫。尽量采用植物性杀虫剂控制害虫，不杀伤或少杀伤天敌、不污染环境。谋求人类与自然协调共存，以便保护和利用生物多样性。

4. 强调防治措施间的相互协调和综合

要做到防治措施与自然控制因素间相协调、防治方法间相协调。

5. 强调害虫综合防治体系的动态性

略。

6. 提倡多学科协作

综合防治体系的制定与实施是一个非常复杂的系统工程，包括信息系统、决策系统和行动系统，它需要科学而准确地进行信息的收集、系统分析、数学模型的建立和计算机程序的编制等，需要多学科进行合作。病虫害专家决策系统、遥感（RS）、地理信息系统（GIS）等生物技术和信息技术的运用与发展，令人鼓舞。因为，解决害虫综合防治的关键问题可能还是要靠高新技术等多学科协作完成。

第二节　病虫害综合防治的主要措施

综合防治或有害生物综合治理（integrated pest management，IPM）具体措施一般可以归纳为“防”和“治”两类。事实上，许多措施很难用“防”和“治”来进行严格区分。依据防治措施的实施途径一般可归类为植物检疫、农业防治、生物防治、物理机械防治和化学防治五大方法，在这里作一简要概述。

一、植物检疫

植物检疫就是国家以法律手段，制定出一整套的法令规定，由专门机构执行，对接受检疫的植物和植物产品控制其传入和带出以及在国内的传播，是用以理论上有害生物传播蔓延的一项根本性措施，有的也称为“法规防治”。

按《检疫法》规定，不论是入境的还是出境的植物、植物产品及其他检疫物，首先要进行审批和报检。

1. 检疫审批制度

我国现行具有植物检疫审批权的机关分中央和省级两个层次，主要有农业部植物保护总站、国家林业总局森林保护司，负责审批国务院有关部门引进或输出的植物种子、种苗和其他繁殖材料；省（自治区、直辖市）农业厅（局）植物保护站和省（自治区、直辖市）林业厅（局）森林保护机构，负责审批本省（自治区、直辖市）有关部门和单位引进或输出的植物种子、种苗和其他繁殖材料。检疫审批程序包括提出申请、填写检疫审批单和审批三步。

2. 法规实施

检疫法规以某些病原物、害虫和杂草等的生物学特性和生态学特点为理论依据，根据这些有害生物的分布地域性、扩大分布为害地区的可能性、传播的主要途径、对寄主植物的选择性和对环境的适应性，以及原产地自然天敌的控制作用和能否随同传播等情况制订。其内容一般包括检疫对象、检疫程序、技术操作规程、检疫检验和处理的具体措施等，具有法律约束力。法规对进口植物材料的大小、年龄和类型，检疫对象的已知寄主植物、转主寄主、第二寄主或贮主，包装材料，以及可以或禁止从哪些国家或地区进口、只能经由哪些指定的口岸入境和进口的时间等，也有相应的规定。除国家制订的法规外，国际间签订的协定、贸易合同中的有关规定，也同样具有法律约束力。

3. 检疫对象

检疫对象确定原则：①对农作物有严重危害的病虫害。②国内尚未发现或已消失的危险性病虫害。③国内局部发生，正待封锁的危险性病虫害。

《全国植物检疫对象和应施检疫的植物、植物产品名单》：农业部 1995 年 4 月 17 日，列出检疫对象 32 种，其中病害 12 种、害虫 17 种、杂草 3 种。水稻细菌性条斑病、小麦矮腥黑穗病菌、玉米霜霉病、 马铃薯癌肿病、大豆疫病、棉花黄萎病、柑橘黄龙病、柑橘溃疡病、木薯细菌性枯萎病、烟草环斑病毒病、番茄溃疡病、鳞球茎茎线虫、稻水象甲、小麦黑森瘿蚊、马铃薯甲虫、美洲斑潜蝇、柑橘大实蝇、蜜柑大实蝇、柑橘小实蝇、苹果蠹蛾、苹果棉蚜、美国白蛾、葡萄根瘤蚜、谷斑皮蠹、菜豆象、四纹豆象、芒果果肉象甲、芒果果实象甲、咖啡旋皮天牛、假高粱、毒麦、菟丝子属。

北京市农业植物检疫性有害生物补充名单（北京市农业局，(京农发〔2011〕16号)，实施日期：2011 年 01 月 11 日（地方法规））：蔗扁蛾、草莓芽叶线虫、玉米干腐病菌、小麦全蚀病菌、向日葵黑茎病菌、小麦网腥黑穗病菌、小麦光腥黑穗病菌、豚草属、黄顶菊。

应施检疫的植物、植物产品名单：

（1）稻、麦、玉米、高粱、豆类、薯类等作物的种子、块根、块茎及其他繁殖材料和来源于上述植物运出发生疫情的县级行政区域的植物产品；

（2）棉、麻、烟、茶、桑、花生、向日葵、芝麻、油菜、甘蔗、甜菜等作物的种子、种苗及其他繁殖材料和来源于上述植物运出发生疫情的县级行政区域的植物产品；

（3）西瓜、甜瓜、哈密瓜、香瓜、葡萄、苹果、梨、桃、李、杏、沙果、梅、山楂、柿、柑、橘、橙、柚、猕猴桃、柠檬、荔枝、枇杷、龙眼、香蕉、菠萝、芒果、咖啡、可可、腰果、番实榴、胡椒等作物的种子、苗木、接穗、砧木、试管苗及其他繁殖材料和来源于上述植物运出发生疫情的县级行政区域的植物产品；

（4）花卉的种子、种苗、球茎、鳞茎等繁殖材料及切花、盆景花卉；

（5）中药材；

（6）蔬菜作物的种子、种苗和运出发生疫情的县级行政区域的蔬菜产品；

（7）牧草（含草坪草）、绿肥、食用菌的种子、细胞繁殖体等；

（8）麦麸、麦秆、稻草、芦苇等可能受疫情污染的植物产品及包装材料。

4. 检疫处理

通过检疫检验发现有害生物后，一般采取以下处理措施：①禁止入境或限制进口。在进口的植物或其产品中，经检验发现有法规禁运的有害生物时，应拒绝入境或退货，或就地销毁。有的则限定在一定的时间或指定的口岸入境等。②消毒除害处理。对休眠期或生长期的植物材料，到达口岸时用农药进行化学处理或热处理。③改变输入植物材料的用途。对于发现疫情的植物材料，可改变原订的用途计划，如将原计划用的材料在控制的条件下进行加工食用，或改变原定的种植地区等。④铲除受害植物，消灭初发疫源地。一旦危险性有害生物入侵后，在其未广泛传播之前，就将已入侵地区划为“疫区”严密封锁，是检疫处理中的最后保证措施。此外，在国内建立无病虫种苗基地，提供无病虫或不带检疫性有害生物的繁殖材料，则是防止有害生物传播的根本性措施。

5. 北京植物检疫工作简介

北京市农业局主管全市植物检疫工作，其执行机构是北京市植物保护站，各区（县）农业主管部门主管本区（县）植物检疫工作，其执行机构是各区（县）植物保护站。目前，北京市共有 13 个植物检疫机构，56 名专职检疫员。各区（县）植物保护站检疫工作的主要任务与职能是：负责本区（县）的产地检疫、调运检疫、签发植物检疫证书；开展检疫对象调查；编制当地的检疫对象分布资料；负责检疫对象的封锁、控制和消灭工作；向基层干部和农民宣传普及检疫知识等。

二、农业防治

农业防治是通过适宜的栽培措施降低有害生物种群数量或减少其侵染可能性，培育健壮植物，增强植物抗害、耐害和自身补偿能力，或避免有害生物危害的一种植物保护措施。其最大优点是不需要过多的额外投入，且易与其他措施相配套。此外，推广有效的农业防治措施，常可在大范围内减轻有害生物的发生程度。农业防治也具有很大的局限性，首先农业防治必须服从丰产要求，不能单独从有害生物防治的角度去考虑问题。其次，农业防治措施往往在控制一些病虫害的同时，引发另外一些病虫害，因此，实施时必须针对当地主要病虫害综合考虑，权衡利弊，因地制宜。再次，农业防治具有较强的地域性和季节性，且多为预防性措施，在病虫害已经大发生时，防治效果不大。

（一）建立合理的耕作制度

1. 调整植物布局

合理设置各种植物田块的设置、品种搭配和茬口安排，进行轮作和间作。根据有害生物的习性，栽种诱集植物，诱集害虫集中消灭。如在棉田种植玉米带引诱棉铃虫和玉米螟产卵，在茄子田周围种植马铃薯引诱二十八星瓢虫等，并进行集中处理，均能有效地减轻害虫对主要植物的危害。

2. 土壤耕作和培肥

对农田土地进行耕翻整理，以改善土壤环境，保持土地高产稳产能力的农业措施；培肥土地，如农田休闲、轮作绿肥等，也可以较大地改变有害生物的生存环境，大幅度地降低有害生物的种群数量。

（二）选育和利用抗性植物品种

（三）利用健康种苗

通过建立健康种苗繁育基地、实行种苗检验与无害化处理，及工厂化组织培养脱毒苗等途径或措施获得健康种苗。

（四）加强栽培管理

栽培管理主要包括合理播种、科学排灌施肥、保持田园卫生、调节环境条件等。

（五）安全收获

采用适当的方法、机具和后处理措施进行适时收获，对病虫害的防治也有重要作用。

三、生物防治

生物防治是指用生物及其代谢产物来控制病虫的方法，称为生物防治。从保护生态环境和可持续发展的角度讲，生物防治是最好的防治方法。

（一）天敌昆虫的保护与利用

利用天敌昆虫来防治害虫，称为以虫治虫。天敌昆虫主要有两大类型：

1. 捕食性天敌昆虫

捕食性天敌昆虫在自然界中抑制害虫的作用和效果十分明显。半翅目的花蝽、猎蝽；鞘翅目的步甲、虎甲、瓢虫（见图 3-1）；脉翅目的草蛉（见图 3-2）、蚁蛉；缨翅目的塔六点蓟马；膜翅目的胡蜂；双翅目的食蚜蝇（见图 3-3）、食虫虻；以及蜻蜓目：蜻蜓、豆娘；螳螂：目的螳螂等。

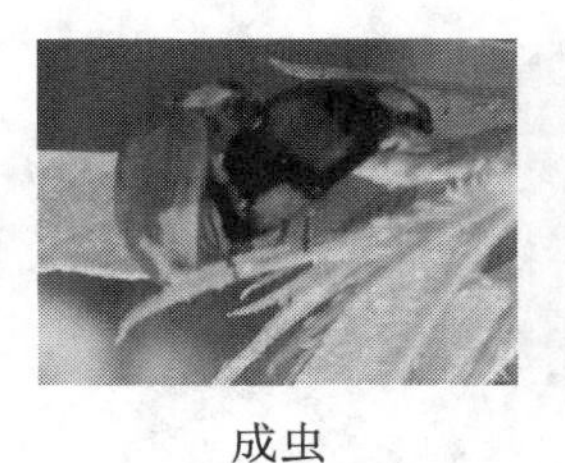
成虫

蛹

幼虫

卵

图 3-1　瓢虫

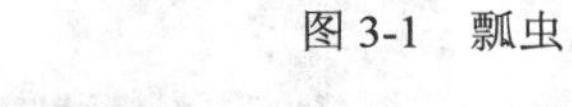

卵

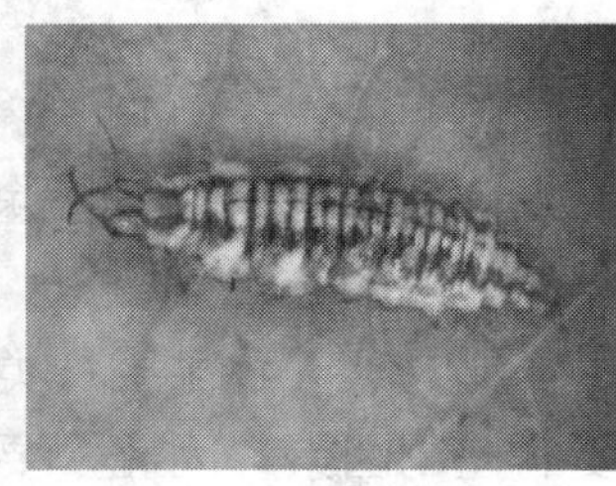
幼虫

成虫

图 3-2　草蛉

幼虫

成虫

图 3-3　食蚜蝇

2. 寄生性天敌昆虫

寄生性天敌，是指这类天敌寄生于其他害虫体内，以其体液为食，致害虫死亡。天敌种类很多，主要是寄生蜂和寄生蝇，如膜翅目（寄生蜂）—周氏啮小蜂、赤眼蜂、姬蜂、茧蜂、肿腿蜂；双翅目（寄生蝇）的寄蝇；鞘翅目的花绒寄甲等。寄生性天敌能寄生在害虫的各个发育期，如卵、幼虫（若虫）、蛹、成虫。目前在生物防治上利用最多，效果最好的是寄生蜂。如利用赤眼蜂（见图 3-4）防治松毛虫、玉米螟、苹果小卷叶蛾等农林害虫，都取得了显著效果。利用寄生蜂应注意：①在寄生蜂发生期，田园、果园应避免使用触杀药剂。②冬季或早春将被寄生死了的蛹放于田园、果园内的寄生羽化笼中，让其自然飞出。③在田园、果园四周或附近建造防护林带，做好寄生蜂的转寄生寄主。

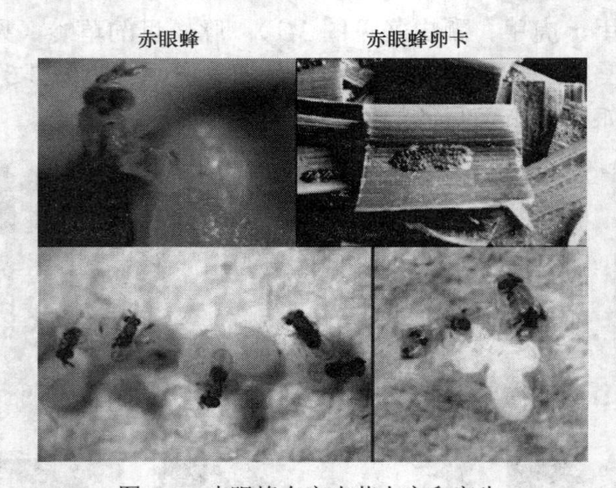

图 3-4 赤眼蜂在害虫茧上产卵寄生

利用天敌昆虫来防治植物害虫，主要有以下三种途径：

1. 天敌昆虫的保护

图 3-5 丽蚜小蜂

当地自然天敌昆虫种类繁多，是各种害虫种群数量重要的控制因素，因此，要善于保护利用。在方法实施上，要注意以下几点：

（1）慎用农药，尽量减少对天敌昆虫的伤害。

（2）采取措施，保护越冬天敌。例如，七星瓢虫、异色瓢虫、大红瓢虫、螳螂等的利用，都是在解决了安全过冬的问题后才发挥更大的作用。

（3）改善昆虫天敌的营养条件。一些寄生蜂、寄生蝇，在羽化后常需补充营养而取食花蜜，因而在种植植物时要注意考虑天敌昆虫蜜源植物的配置。有些地方如天敌食料缺乏时（如缺乏寄主卵），要注意补充田间寄主等，这些措施有利于天敌昆虫的繁衍。

2. 天敌昆虫的繁殖和释放

害虫发生前期，自然界的天敌昆虫数量少、对害虫的控制力很低时，可以在室内繁殖天敌昆虫，增加天敌昆虫的数量。特别在害虫发生之初，大量释放，可取得较显著的防治效果。

3. 天敌昆虫的引进

我国引进天敌昆虫来防治害虫，已有 80 多年的历史。据资料记载，全世界成功的约有 250 多例，其中防治蚧虫成功的例子最多，成功率占 78%。在引进的天敌昆虫中，寄生性昆虫比捕食性昆虫成功的多。目前，我国已与美国、加拿大、墨西哥、日本、朝鲜、澳大利亚、法国、德国、瑞典等十多个国家进行了这方面的交流，引进各类天敌昆虫 100 多种，有的已发挥了较好的控制害虫的作用。例如，丽蚜小蜂 1978 年年底从英国引进后，经过研究，解决了人工大量繁殖的关键技术，在北方一些省、市推广防治温室白粉虱，效果十分显著。

（二）生物农药的应用

生物农药作用方式特殊，防治对象比较专一且对人类和环境的潜在危害比化学农药要小，因此，特别适用于植物害虫的防治。以菌治虫，就是利用害虫的病原微生物来防治害虫。可引起昆虫致病的病原微生物主要有细菌、真菌、病毒、立克次氏体、线虫等。目前生产上应用较多的是病原细菌、病原真菌和病原病毒三类。利用病原微生物防治害虫，具有繁殖快、用量少、不受植物生长阶段的限制、持效期长等优点。

（1）病原细菌：目前用来控制害虫的细菌主要有苏芸金杆菌（BT）。苏芸金杆菌是一类杆状的、含有伴孢晶体的细菌，伴孢晶体可通过释放伴孢毒素破坏虫体细胞组织，导致害虫死亡。苏芸金杆菌对人、畜、植物、益虫、水生生物等无害，无残余毒性，有较好的稳定性，可与其他农药混用；对湿度要求不严格，在较高温度下发病率高，对鳞翅目幼虫有很好的防治效果。因此，BT 制剂成为目前应用最广的生物农药（见图 3-6）。

图 3-6　BT 制剂

（2）病原真菌：能够引起昆虫致病的病原真菌很多，其中以白僵菌最为普遍，普遍用白僵菌来防治鳞翅目害虫。

（3）病原病毒：利用病毒防治害虫，其主要优点是专化性强，在自然情况下，某种病原病毒往往只寄生一种害虫，不存在污染与公害问题，在自然界中可长期保存，反复感染，有的还可遗传感染，从而造成害虫流行病。目前应用的病毒制剂有核型多角体病毒和颗粒体病毒，主要防治鳞翅目害虫。

生化农药指那些经人工合成或从自然界的生物源中分离或派生出来的化合物，如昆虫信息素、昆虫生长调节剂等，主要来自于昆虫体内分泌的激素，包括昆虫的性外激素、昆虫的蜕皮激素及保幼激素等内激素。在国外已有100多种昆虫激素商品用于害虫的预测预报及防治工作，我国已有近30种性激素用于梨小食心虫、白杨透翅蛾等昆虫的诱捕、迷向及引诱绝育法的防治。昆虫生长调节剂现在我国应用较广的有灭幼脲Ⅰ号、Ⅱ号、Ⅲ号等，对多种植物害虫如鳞翅目幼虫、鞘翅目叶甲类幼虫等具有很好的防治效果。

有一些由微生物新陈代谢过程中产生的活性物质，也具有较好的杀虫作用。例如，来自于浅灰链霉素抗性变种的杀蚜素，对蚜虫、红蜘蛛等有较好的毒杀作用，且对天敌无毒；来自于南昌链霉素的南昌霉素，对菜青虫、松毛虫的防治效果可达90%以上。

（三）其他动物的利用

我国有1100多种鸟类，其中捕食昆虫的约占半数，它们绝大多数以捕食害虫为主。目前以鸟治虫的主要措施是：保护鸟类，严禁在城市风景区、公园打鸟；人工招引以及人工驯化等。

蜘蛛、捕食螨、两栖动物及其他动物，对害虫也有一定的控制作用。例如，蜘蛛对于控制小绿叶蝉起着重要的作用；而捕食螨对酢浆草岩螨、红蜘蛛等螨类也有较强的控制力。

（四）以菌治病

一些真菌、细菌、放线菌等微生物，在它的新陈代谢过程中分泌抗生素，杀死或抑制病原物。这是目前生物防治研究中的一个重要内容。如哈茨木霉能分泌抗生素，杀死、抑制茉莉白绢病病菌。又如菌根菌可分泌萜烯类等物质，对许多根部病害有拮抗作用（见图3-7）。

四、物理机械防治

物理机械防治是指利用各种物理因子、人工和器械防治有害生物的植物保护措施。它主要依据有害生物对环境条件中各种物理因素如温度、湿度、光、电、声、色等的反应和要求，而制定相应的防治措施。物理防治见效快，常可把害虫消灭在盛发期前，也可作危害虫大量发生时的一种应急措施。常用方法有人工和机械捕杀、温度控制、诱集与诱杀、阻隔分离、微波辐射等（见图 3-7）。

图 3-7　电子诱虫灯

（一）人工和机械防治

人工机械防治就是利用人工和简单机械，通过汰选或捕杀防治有害生物的一类措施。播种前种子的筛选、水选或风选可以汰除杂草种子和一些带病虫的种子，减少有害生物传播危害。对于病害来说，汰除带病种子对控制种传单循环病害可取得很好的控制效果。而害虫防治常使用捕打、震落、网捕、摘除虫枝虫果、刮树皮等人工机械方法。如人工捕捉防治小地老虎高龄幼虫，利用细钢钩勾杀树干中的天牛幼虫。有时利用害虫的假死行为，将其震落消灭。如在甜菜夜蛾大发生时，利用震落法。

（二）诱集与诱杀

诱杀法主要是利用动物的趋性，配合一定的物理装置、化学毒剂或人工处理来防治害虫和害鼠的一类方法，通常包括灯光诱杀、食饵诱杀和潜所诱杀（见图 3-8）。

1. 灯光诱杀

灯光诱杀：利用害虫对光的趋性，采用黑光灯、双色灯或高压汞灯结合诱集箱、水坑或高压电网诱杀害虫。灯光诱杀的缺点是在诱杀害虫的同时，也诱杀了害虫天敌。另外，利用蚜虫对黄色的趋性，采用黄色粘胶板或黄色水皿诱杀有翅蚜。

黑光灯　　电子诱虫灯

色板诱——黄板诱杀　　色板诱——蓝板诱杀蓟马

图 3-8　诱集或诱杀

2. 食饵诱杀

食饵诱杀：利用害虫和害鼠对食物的趋化性，通过配制适当的食饵来诱集或诱杀害虫和害鼠。如配制糖醋液可以诱杀小地老虎和黏虫成虫（见图 3-9），利用新鲜马粪诱杀蝼蛄等，利用多聚乙醛诱杀蜗牛和蛞蝓。

图 3-9　糖醋诱杀

3. 潜所诱杀

潜所诱杀：利用害虫的潜伏习性，造成各种适合场所，引诱害虫来潜伏或越冬，而后及时予以杀死。如田间插放杨柳枝把，可以诱集棉铃虫成虫潜伏其中，次晨用塑料袋套捕可以减少田间蛾量。

（三）阻隔

阻隔法是根据有害生物的侵染和扩散行为，设置物理性障碍，阻止有害生物的危害或扩散的措施，常用方法有套袋、涂胶、刷白和填塞等。如果园果实套袋，可以阻止多种食心虫在果实上产卵。梨尺蠖和枣尺蠖羽化的雌成虫无翅，必须从地面爬上树才能交配产卵，所以可以通过在树干上涂胶、绑塑料薄膜等设置障碍，阻止其上树。另外，在设施农业中利用适宜孔径的防虫网（见图 3-10、图 3-11），可以避免绝大多数害虫的危害。

树干涂白

果实套袋

图 3-10　阻隔法

图 3-11　生物防虫网

（四）温度控制

依据植物和有害生物对温度敏感性的不同，利用高温或低温即可用以控制或杀死有害生物。

1. 温汤浸种

温汤浸种就是用热水处理种子和无性繁殖材料。如，用 55℃的温汤浸种 30 分钟，对水稻恶苗病有较好的防效，用开水或热水处理豌豆或蚕豆可杀死其中的豌豆象或蚕豆象。

2. 蒸汽消毒

用 80~90℃的热蒸汽处理温室和苗床的土壤 30~60 分钟，可杀死绝大多数病原物和害虫。

3. 高温处理

利用热水或热空气可热疗感染病毒的植株或繁殖材料（种子、接穗、苗木、块茎和块根等），以获得无病毒的无毒植株或繁殖材料。如，将感染马铃薯卷叶病毒的马铃薯块茎在 37℃下处理 25 天，即可生产出无毒的植株。太阳能土壤消毒技术就是利用一年中最炎热的月份，用塑料薄膜覆盖潮湿土壤 4 周以上，以提高耕作层土壤的温度，杀死或减少土壤中的有害生物，控制或减轻土传病害的发生。

4. 低温处理

低温可以抑制许多有害生物的繁殖和危害活动，可以进行低温杀虫。

（五）缺氧窒息

缺氧窒息是运用一定的充气技术使大气中氧的含量降到 2%，导致害虫缺氧窒息而死亡的一种措施。该方法对含水分较高且易变质粮食的保存效果良好。

（六）辐射

辐射法是利用电波、γ 射线、X 射线、红外线、紫外线、激光、超声波等电磁辐射进行有害生物防治的物理防治技术，包括直接杀灭和辐射不育。

五、化学防治

化学防治是利用化学药剂防治有害生物的一种防治技术。主要是通过开发适宜的农药品种，并加工成适当的剂型，利用适当的机械和方法处理植物植株、种子、土壤等，来杀死有害生物或阻止其侵染危害。

化学防治在有害生物综合治理中占有重要的地位。它使用方法简便，效率高，见效快，可以用于各种有害生物的防治，特别在有害生物大发生时，能及时控制危害。这是其他防治措施无法比拟的。如不少害虫为间歇暴发危害型，不少病害也是遇到适宜条件便暴发流行，这些病虫害一旦发生，往往来势凶猛，发生量极大，其他防治措施往往无能为力，而使用农药可以在短期内有效地控制危害。

但是，化学防治也存在一些明显的缺点。第一，长期使用化学农药，会造成某些有害生物产生不同程度的抗药性，致使常规用药量无效。提高用药量往往造成环境污染和毒害，且会使抗药性进一步升高造成恶性循环。而更换农药品种，由于农药新品种开发的艰难，会显著增加农业成本，而且由于有害生物的多抗性，如不采取有效的抗性治理措施，甚至还会导致无药可用。第二，杀伤天敌，破坏农田生态系统中有害生物的自然控制能力，打乱了自然种群平衡，造成有害生物的再猖獗或次要有害生物上升危害。尤其是使用非选择型农药或不适当的剂型和使用方法，造成的危害更为严重。第三，残留污染环境。有些农药由于它的性质较稳定，不易分解，在施药植物中的残留，以及飘移流失进入大气、水体和土壤后就会污染环境，直接或通过食物链生物浓缩后间接对人、畜和有益生物的健康安全造成威胁。因此，使用农药必须注意发挥其优点，克服缺点，才能达到化学保护的目的，并对有害生物进行持续有效的控制。

第三节　主要防治措施的实施

一、农业生产中主要病虫害的发生与危害

（一）蔬菜病虫害种类及危害

蔬菜害虫的种类很多，不完全统计，有蔬菜害虫200多种，比较重要的有30～40种（见表3-1）。

表3-1　蔬菜病虫害种类及危害

科	菜的种类	病害种类	害虫种类
十字花科	萝卜、甘蓝、甘蓝、小白菜、大白菜、芥兰、花椰菜（菜花）等	病毒病、霜霉病、软腐病、黑腐病、菌核病、黑斑病、炭疽病、根肿病、白锈病等	菜粉蝶类、菜蛾、菜螟、甘蓝夜蛾、斜纹夜蛾、菜蚜类、黄条跳甲、菜叶蜂、菜蝽、大猿叶甲、小猿叶甲等
葫芦科	南瓜、丝瓜、冬瓜、西瓜、葫芦、苦瓜、甜瓜、西葫芦	黄瓜霜霉病、瓜类白粉病、枯萎病、疫病、炭疽病、细菌性角斑病、蔓枯病、灰霉病、菌核病、黄瓜黑星病、黄瓜根结线虫病	守瓜类、瓜实蝇、节瓜蓟马、瓜蚜、红蜘蛛
豆科	菜豆、绿豆、豌豆、蚕豆、大豆、扁豆、金花菜（苜蓿）	病毒病、菜豆锈病、菜豆根腐病、菜豆枯腐病、豇豆斑枯病和豇豆轮纹病	豆天蛾、豆荚螟、银纹夜蛾、豆野螟、豆蚜、豆芫青类、豌豆潜叶蝇
百合科	金针菜（黄花菜），百合、洋葱、大蒜、大葱、韭菜	葱紫斑病	葱蝇、葱蓟马、韭蛆、蚜虫等
藜科	甜菜、菠菜	—	甜菜潜叶蝇、甜菜夜蛾
茄科	马铃薯、番茄、茄子、辣椒、枸杞、酸浆马铃薯	番茄病毒病、叶霉病、早疫病 、晚疫病、灰霉病、青枯病、枯萎病、溃疡病、脐腐病、畸形果、裂果病、果实筋腐病； 辣（甜）椒病毒病 、疫病、炭疽病、叶枯病、灰霉病、椒软腐病、疮痂病、日灼病；茄子黄萎病、绵疫病、褐纹病、灰霉病	瓢虫、棉红蜘蛛、匣黄斑螟、烟青虫、棉铃虫、马铃薯块茎蛾、蚜虫等
多科	多种蔬菜地下害虫	—	蝼蛄、蛴螬、地老虎、地蛆
	温室及保护地栽培各种蔬菜	—	红蜘蛛、温室白粉虱、蚜虫

（二）北京地区主要果树病虫害种类及危害

果树害虫的种类很多，可以按照果品产区，果树树种、危害部位、害虫种类等来分类描述。按树种如表3-2，表3-3。

表3-2　按危害部位来分果树害虫举例

危害	按口器分	害虫举例
果实害虫		（1）食心虫类：桃小食心虫、梨小食心虫、梨大食心虫、桃蛀螟、核桃举肢蛾、柿蒂虫等。 （2）蛀果象甲类：如栗实象、梨果象甲、桃虎象甲。 （3）吸果蛾类：枯叶夜蛾，鸟咀壶夜蛾。 （4）蝽类：麻皮蝽、茶翅蝽。 （5）实蜂类：梨实蜂、李实蜂等，皆属叶蜂科。 （6）胡蜂类：（胡蜂科）如桃胡蜂（俗称人头蜂、大胡蜂）可为害桃、梨、苹果、柑橘等果实，以成虫咬食成熟的水果，吸取养分，残留果皮、果核。 （7）仁蜂类：如广肩小蜂科的杏仁蜂、桃仁蜂，在果仁内取食，造成落果。一般为害幼果。 （8）蚜虫类：为害梨果的梨黄粉蚜。
叶部害虫	刺吸式口器类	（1）蚜虫类：为害果树的蚜虫种类很多，如为害苹果的有苹果蚜，苹果瘤蚜等，为害梨树的如梨二叉蚜、苹果瘤蚜等，为害梨树的如梨二叉蚜。 （2）螨类：种类也较多，苹果红蜘蛛、山楂红蜘蛛、果苔螨为害苹果，柑橘始叶螨、柑橘红叶螨为害柑橘等，这类害虫目前较难防治。 （3）蝽类：如前所述，也为害叶片，另外，还有梨网蝽（军配虫）为害梨树的叶片。 （4）木虱类：梨木虱为害梨、大多在嫩梢、叶片上取食。
	咀嚼式口器类	（1）卷叶蛾类：是一类较重要的害虫，以其幼虫以吐丝卷叶或缀叶为基本为害方式。卷叶蛾的幼虫主要为害仁果类及核果类的果树。其中以苹果受害最重常见的种类有苹果小卷叶蛾，苹果褐卷叶蛾、黄斑卷叶蛾、顶梢卷叶蛾等。 （2）毛虫类：毛虫类的特点是幼虫有长毛，均属于鳞翅目害虫。常见的种类有天幕毛虫，梨星毛虫、黑星麦蛾、苹果巢蛾，主要蚕食叶片。 （3）刺蛾类：常见的黄刺蛾、绿刺蛾、扁刺蛾、黑点刺蛾、茧褐刺蛾，以幼虫为害叶片，多为杂食性。 （4）潜叶蛾类：潜叶蛾指潜伏在叶表皮下潜食叶肉的一些鳞翅目害虫。金纹细蛾、银纹潜叶蛾、旋纹潜叶蛾、桃潜叶蛾也属潜蛾科。 （5）金龟子类：取食叶片、花、果实。 （6）尺蠖蛾类：校园内就有枣尺蠖蛾为害。
茎杆害虫	刺吸式口器	（1）蚧壳虫类：无论在苹果树上，还是梨树上、杏树或者柑橘上都有许多蚧壳虫造成严重为害，如为害苹果树的主要是梨园蚧，为害李树的主要是杏球坚蚧（或朝鲜球坚蚧），为害樱桃的桑白蚧。 （2）叶蝉类：如大青叶蝉梨树上产卵造成危害。蚱蝉（俗称“知了”）可在树木（包括果树）嫩枝表皮下木质部产卵，枝条上产卵的伤口，呈不规则的螺旋排列，造成危害。为害葡萄的有葡萄二点叶蝉。桃树上还有桃小绿叶蝉的为害。

续表

危害	按口器分	害虫举例
茎杆害虫	咀嚼式口器	(1) 天牛类：如桑天牛可为害苹果、梨、樱桃、柑橘、无花果、桑树等。另外还有桃红颈天牛等为害不同的果树。天牛主要钻蛀木质部，在木质部内为害。 (2) 吉丁虫类：为害苹果和梨的有苹果小吉丁虫，金缘吉丁虫。主要钻蛀皮层，皮层内取食。 (3) 小蠹类：如棘茎小蠹为害苹果、梨、杏等，主要在韧皮部、木质部。 (4) 木蠹蛾类：主要是鳞翅目，木蠹蛾科的一些种类，如芳香木蠹蛾不仅为害杨树，而且也为害孤立的果树（核桃、苹果）其幼虫16龄。初孵幼虫从根茎部蛀入皮层为害，以后再在树干中部为害。 (5) 透翅蛾类：如苹果透翅蛾为害梨、苹果、桃等果树，主要在皮层下和形成层为害，啄木鸟可啄食大量的幼虫，是这类害虫的天敌。葡萄透翅蛾以幼虫蛀入葡萄嫩茎，蛀食髓部为害。 (6) 梨茎蜂：用产卵器将梨树嫩芽锯断，将卵产在嫩梢锯断处，幼虫孵化后向下蛀食，日久被害枝呈黑褐色干枯。 (7) 梨潜皮蛾：为害苹果、梨，以幼虫在枝干及梨果皮下蛀食，初期显出弯曲的隧道状，短期后隧道汇合连片，枯死的表皮翘起，影响树势。
地下害虫		幼苗主要是为害根部的地下害虫，蝼蛄（非、华）、蛴螬、地老虎、根蛆为害。这部分害虫也称根部害虫。

表 3-3　北京地区果树主要病虫害

树种	害　虫	病　害
苹果	蚜虫类（苹果黄蚜、苹果瘤蚜、苹果棉蚜等）、食心虫类有（桃小食心虫、梨小食心虫、苹小食心虫等）、卷叶蛾类（苹小卷叶蛾、顶梢卷叶蛾、苹果褐卷叶蛾等）、潜叶蛾类（金纹细蛾、银纹细蛾和旋纹细蛾等）、植食螨类（山楂红蜘蛛、二斑叶螨）。	苹果树腐烂病、轮纹病、炭疽病、斑点落叶病、苹果干腐病、白粉病、黑星病、苹果锈病、苹果褐斑病、苹果心腐病、苹果苦痘病等。
梨	食心虫类有（梨大食心虫、梨小食心虫等）、蚜虫类（梨黄粉蚜、梨二叉蚜等）、蝽类（梨网蝽、茶翅蝽、麻皮蝽等）、梨木虱、蚧类（康氏粉蚧、梨圆蚧）、梨茎蜂、金龟子类、梨瘿蚊、梨花瘿蚊（花蕾蛆）、梨瘿华蛾等。	梨树干腐病、腐烂病、轮纹病、黑斑病、黑星病、锈病、裂果、日灼病、缺铁症等。
葡萄	葡萄二星叶蝉、斑衣蜡蝉、葡萄虎蛾、葡萄天蛾、葡萄透翅蛾、葡萄虎天牛、十星叶甲、黑绒金龟、葡萄红蜘蛛、茶黄螨 、东方盔蚧、卷叶蛾等。	穗轴褐枯病、葡萄炭疽病、白腐病、霜霉病、黑痘病、灰霉病、白粉病、褐斑病、扇叶病、蔓割病、根癌病、毛毡病（缺节瘿螨 又名 锈壁虱）。
桃	桑盾蚧、桃小食心虫、梨小食心虫、红蜘蛛、桃蛀螟、桃蚜、桃瘤蚜、桃潜叶蛾、天牛、金龟子、桃小蠹等。	桃树流胶病、炭疽病、桃疮痂病、缩叶病、褐腐病、根癌病、细菌性穿孔病等。
李	蚜虫、介壳虫、李实蜂、黑蚱蝉、大蓑蛾、枯叶蛾、桃蛀螟、黄刺蛾、咀壶夜蛾、天牛、金龟子等。	炭疽病、疮痂病、煤烟病、膏药病、红点病、根癌病、细菌性穿孔病、枯枝病、流胶病、萎蔫病、青斑病、缺素症等。
杏	桃蛀螟、桃蚜、桃瘤蚜和桃潜叶蛾、杏仁蜂、杏球坚蚧等。	杏菌核病、桃穿孔病、桃疮痂病。

续表

树种	害　虫	病　害
樱桃	桑白蚧、梨小食心虫、刺蛾、椿象、绿盲蝽、潜叶蛾、红蜘蛛、白蜘蛛。	叶斑病（穿孔病）、流胶病、根癌病以及生理病害。
板栗	叶螨、栗大蚜、金纹细蛾、木橑尺蠖、栗瘤蜂、栗实象、桃蛀螟、金龟子等。	栗炭疽病、栗褐斑病、焦叶病、立枯病、栗疫病、栗胴枯病、白粉病、空蓬症等
核桃	核桃举肢蛾、核桃长足象、桃蛀螟、云斑天牛、桑天牛、核桃小黑吉丁虫 、芳香木蠹蛾、核桃瘤蛾 、核桃缀叶螟 、春尺蛾 、黄褐天幕毛虫、金龟、草履蚧等。	核桃黑斑病、核桃炭疽病 、日灼病 、核桃仁霉烂病、核桃干腐病 、核桃褐斑病、核桃白粉病等。
柿	柿绵蚧、日本草履虫、茶黄毒蛾、卵圆齿爪鳃金龟、褐带长卷蛾、小黑刺蛾、柿毛虫等。	柿角斑病、圆斑病、炭疽病、黑星病、叶枯病、白粉病等。
枣	枣尺蠖、枣黏虫、食芽象甲、桃小食心虫、枣瘿蚊、黄刺蛾、龟蜡蚧、山楂红蜘蛛、棉铃虫等。	枣疯病、枣锈病、枣炭疽病、枣缩病等。
草莓	红蜘蛛、蚜虫、斜纹夜蛾、地下害虫、蛞蝓等。	根腐病、病毒病、灰霉病、白粉病、炭疽病、青枯病、线虫病等。

（三）主要作物病虫害种类及危害

表 3-4　主要作物病虫害种类及危害

作物种类	害　虫	病　害
小麦	小麦吸浆虫、麦秆蝇、麦蚜、麦双尾蚜、麦蜘蛛、麦叶蜂、麦蝽、小麦皮蓟马、麦种蝇等。	小麦锈病、赤霉病、白粉病、纹枯病、全蚀病、黄矮病、丛矮病等。
玉米	玉米螟、玉米蚜、玉米蓟马、玉米叶螨、红缘灯蛾、条螟等。	玉米大斑病、小斑病、玉米丝黑穗病、黑粉病、穗茎腐病、玉米纹枯病等。
水稻	三化螟、二化螟、褐飞虱、灰飞虱、稻纵卷叶螟、黑尾叶蝉、稻蝗、稻弄蝶、水稻蓟马、稻瘿蚊、稻黑蝽、稻绿蝽等。	水稻白叶枯病、细菌性条斑病、细菌性基腐病、水稻纹枯病、水稻菌核病、水稻条纹叶枯病等。
甘薯	甘薯天蛾、甘薯麦蛾、甘薯长足象、甘薯叶甲、甘薯龟甲、甘薯蠹野螟、甘薯潜叶蛾等。	甘薯黑斑病、甘薯贮藏期病害、甘薯根腐病、甘薯瘟病、甘薯茎线虫病等。
花生	花生蚜、棉铃虫、花生端带蓟马、种蝇、花生须峭麦蛾、花生叶蝉类、花生叶螨类、蛴螬等。	花生网斑病、黑斑病、根结线虫病、锈病、病毒病、花生、花生根腐病、立枯病等。

（四）农业生产中主要农作物害虫及危害状识别

1. 主要食叶害虫及危害状的识别

主要食叶害虫及危害状见以下图例：

小菜蛾成虫

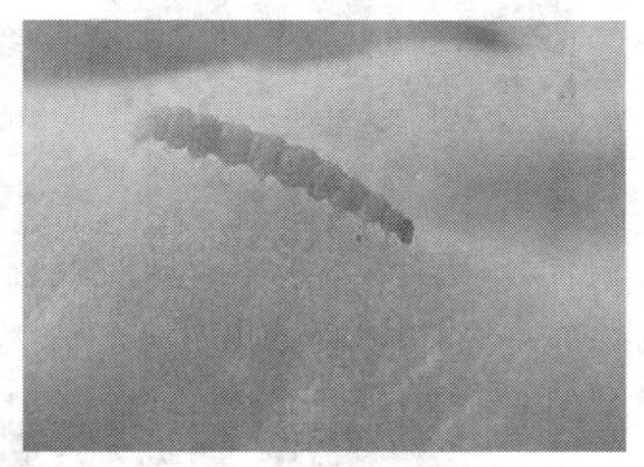
小菜蛾幼虫

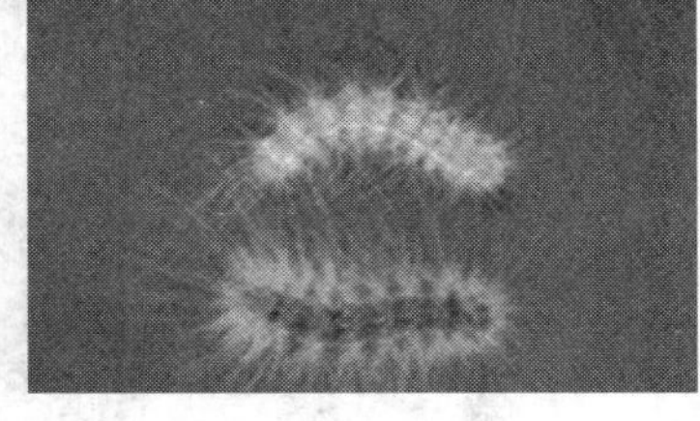
美国白蛾成虫（左）幼虫（右）

舞毒蛾卵块　　成虫　　幼虫　　蛹

黏虫成虫及幼虫

苹果小卷蛾成虫

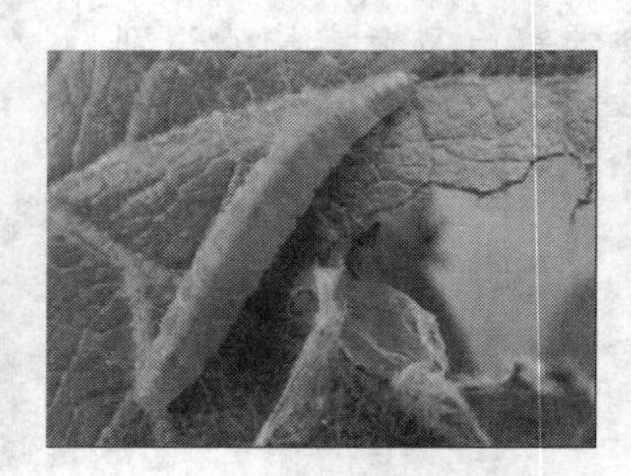

苹果小卷蛾幼虫

黄刺蛾

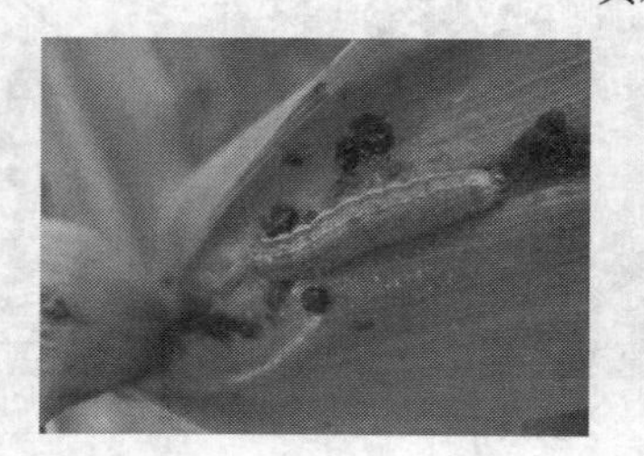

玉米黏虫

春尺蠖

甘蓝夜蛾成虫

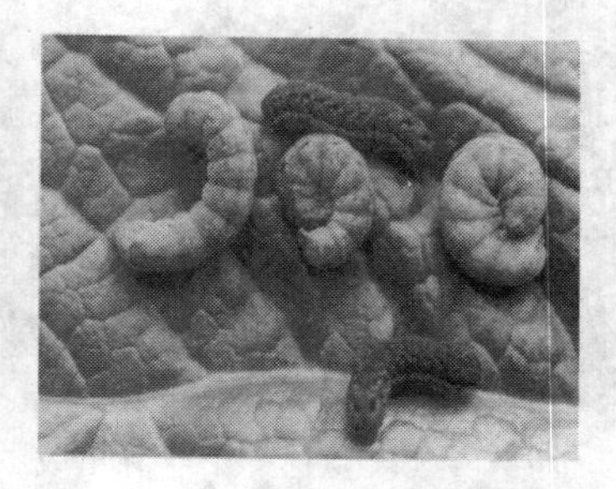

幼虫

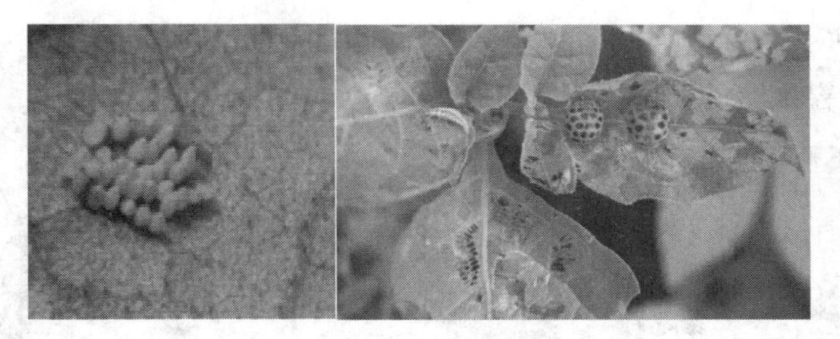

茄二十八星瓢虫及危害状

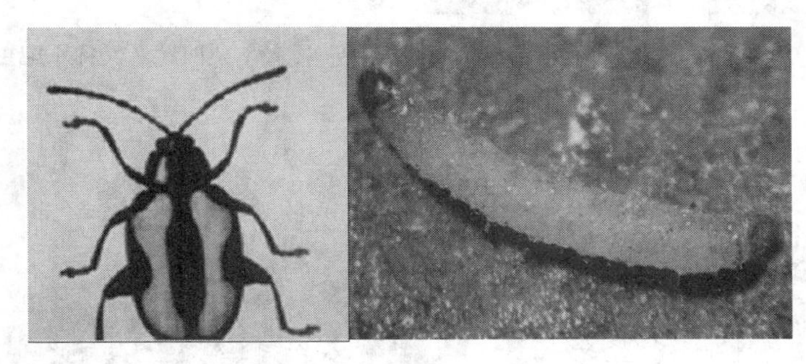

黄曲条跳甲成虫

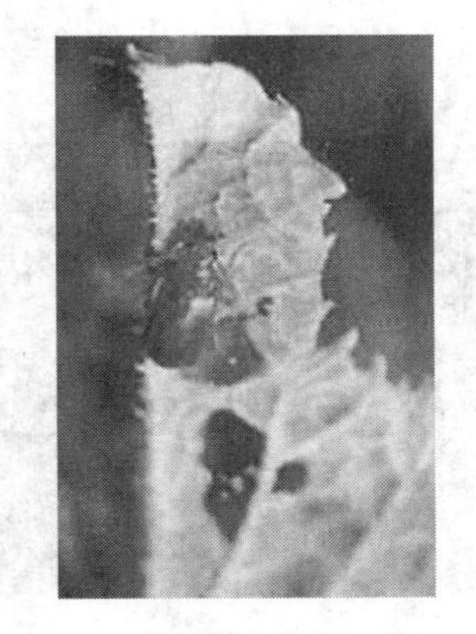

黄守瓜成虫

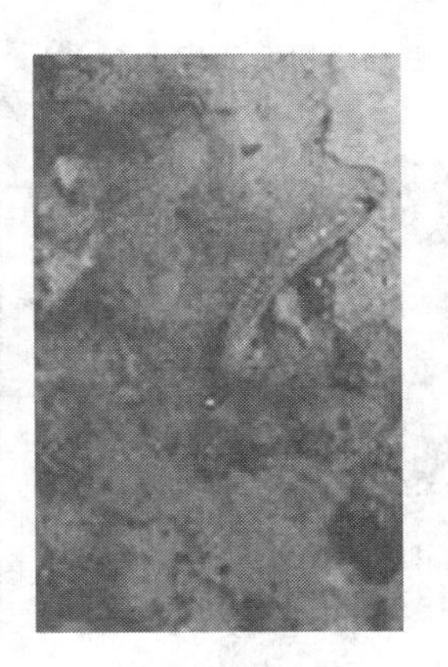

黄守瓜幼虫

灰巴蜗牛

野蛞蝓

2. 主要吸汁害虫及危害状识别

主要吸汁害虫及危害状识别见以下图例。

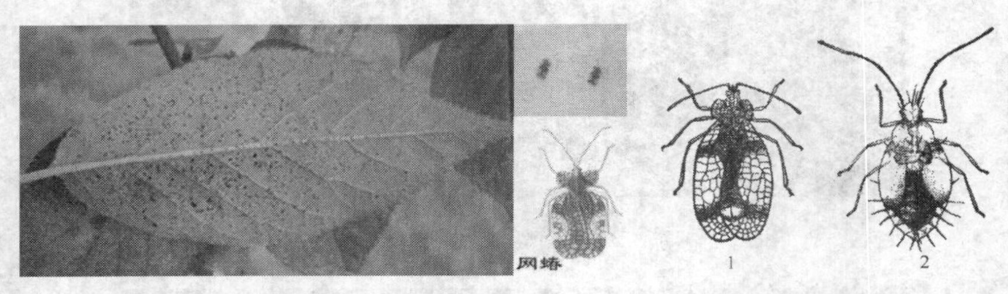

梨网蝽危害状（参照蚜虫防治）　　梨网蝽（又称军配虫）

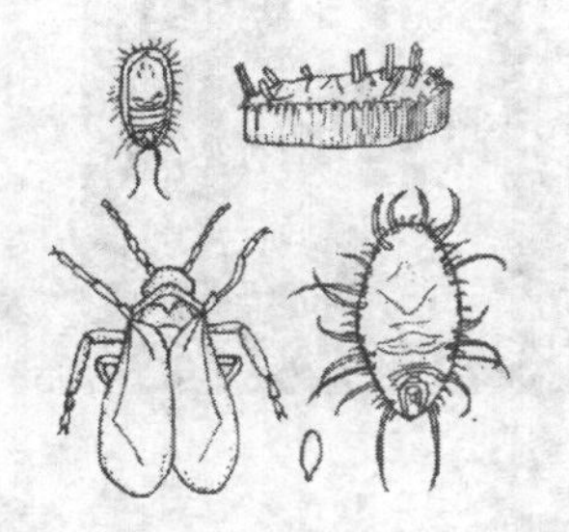

温室白粉虱各虫态

瓜蓟马

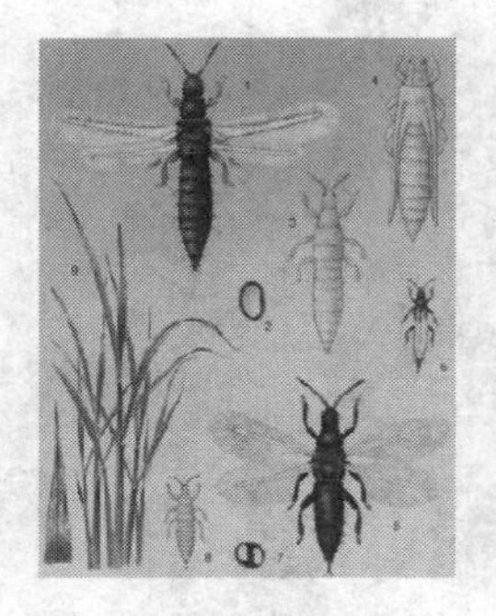

稻蓟马

梨木虱危害状

梨木虱成虫

东方盔蚧

小麦吸浆虫

小麦吸浆虫

山楂叶螨

麦岩螨麦

圆叶爪螨

小麦害螨危害状

茶黄螨

茶黄螨危害状

大青叶蝉

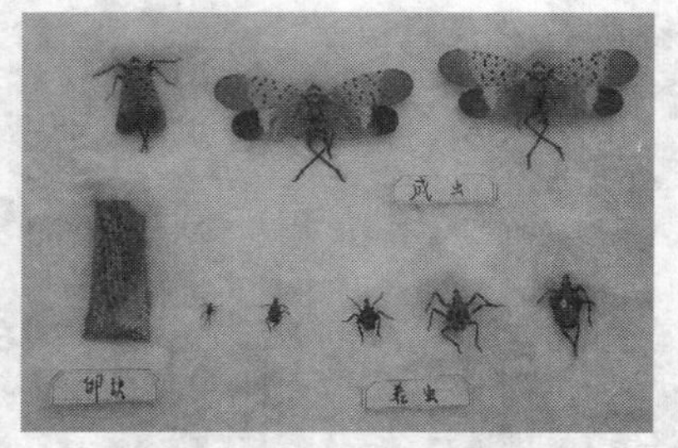
斑衣蜡蝉

柿斑叶蝉

3. 作物物花果类害虫及危害状的识别

桃小食心虫幼龄幼虫和老熟幼虫

桃小食心虫——猴头果

桃小食心虫成虫

挂诱芯诱梨小

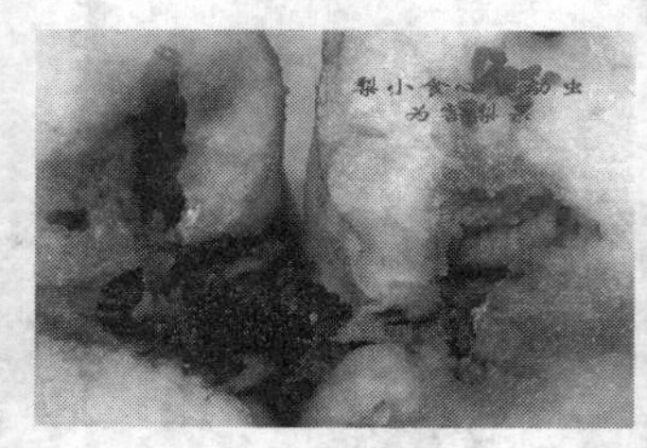
梨小食心虫危害梨果

梨小危害桃梢

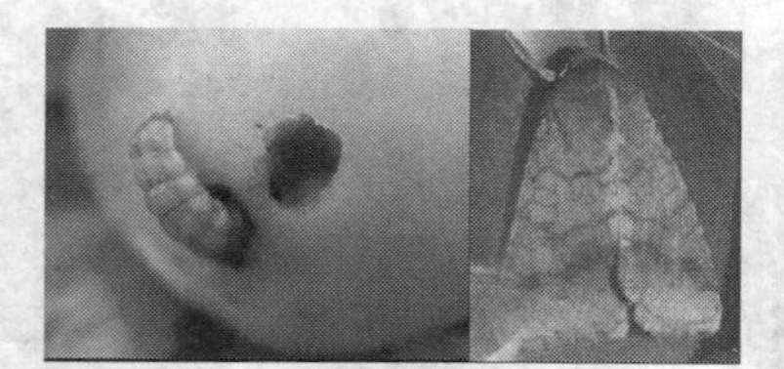
棉铃虫危害、幼虫及成虫

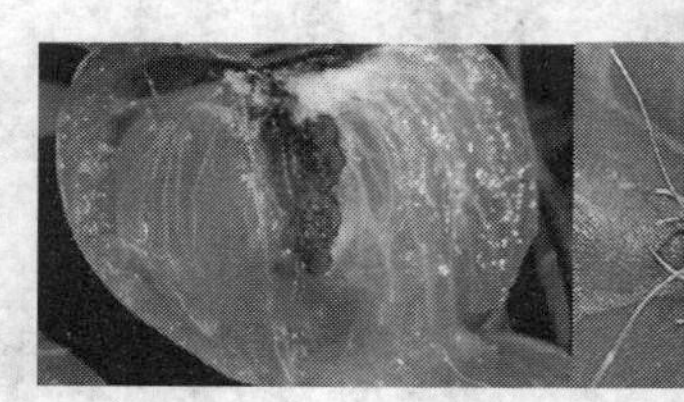
柿蒂虫危害及成虫

桃蛀螟成虫

桃蛀螟危害

梨果象甲危害

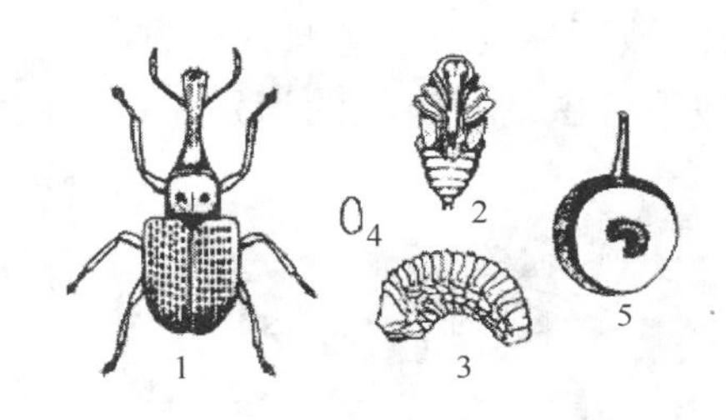

梨果象甲生活史

4. 蛀干害虫及危害状的识别

蛀干害虫及危害状的识别见以下图例：

桃小蠹危害状

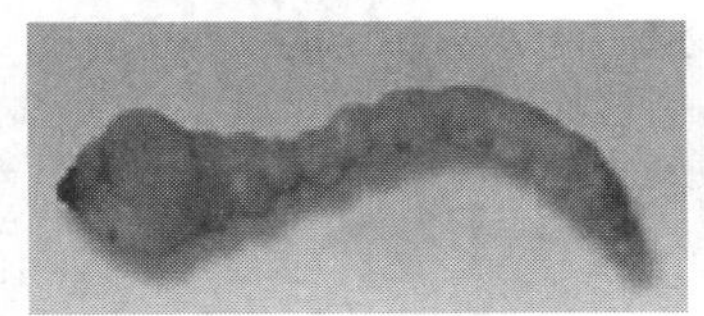

金缘吉丁虫

桃红颈天牛成虫及幼虫

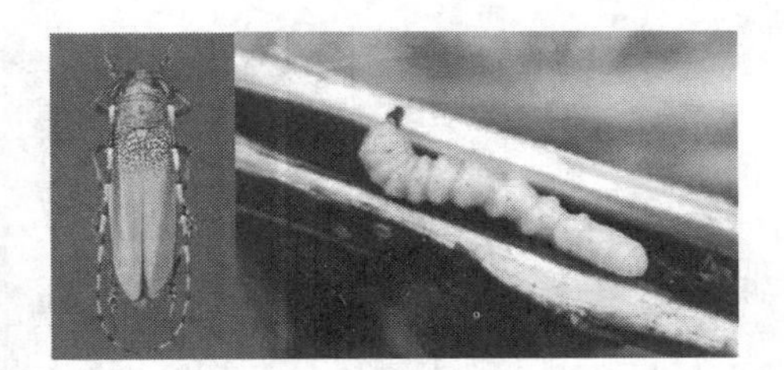

桑天牛成虫及幼虫

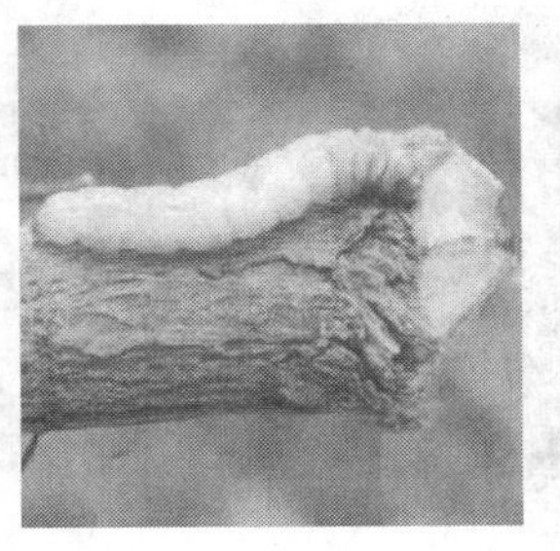

透翅蛾幼虫及成虫

5．地下害虫及危害状的识别

地下害虫及危害状的识别见以下图例：

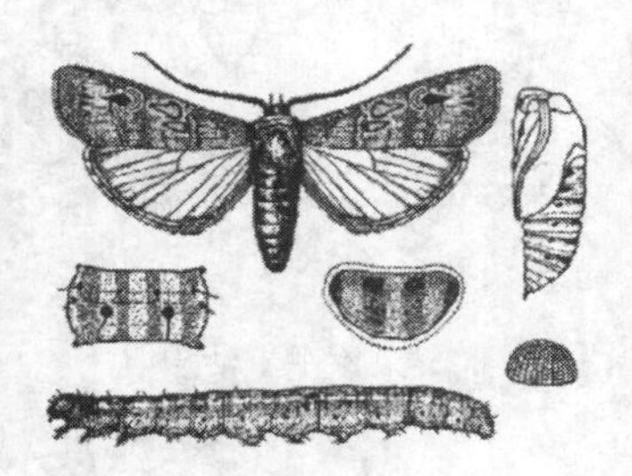

地老虎各虫态

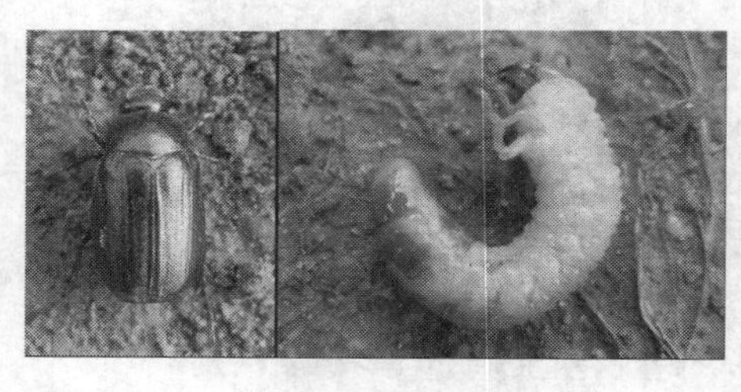

蛴螬成虫及幼虫

东方蝼蛄

华北蝼蛄

6．潜叶类害虫及危害状的识别

潜叶类害虫及危害状的识别见以下图例：

美洲斑潜蝇危害状、蛹和成虫

桃潜叶蛾成虫

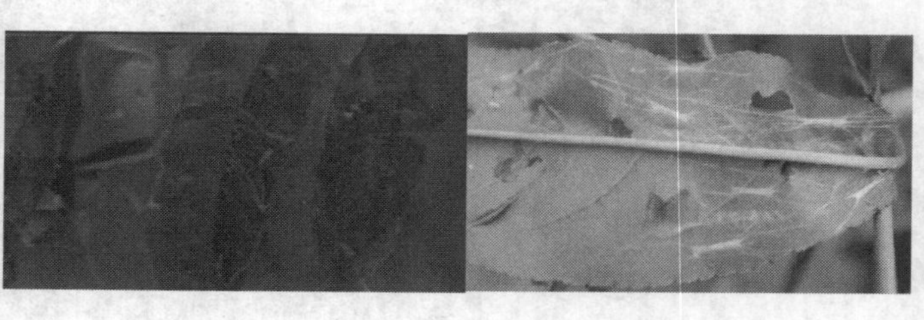

桃潜叶蛾危害状

（五）农作物主要病害危害状识别

1. 叶、花、果病害识别

叶、花、果病害识别见以下图例：

小麦白粉病叶片受害症状和小麦白粉病茎秆受害情况

瓜类白粉病

蔷薇白粉病危害状

黄栌白粉病

小麦秆锈病

小麦条锈病

小麦叶锈病

霜霉病危害状

梨锈病

梨锈病菌冬孢子角胶化物

玉米大斑病

番茄早疫病

花生褐斑病

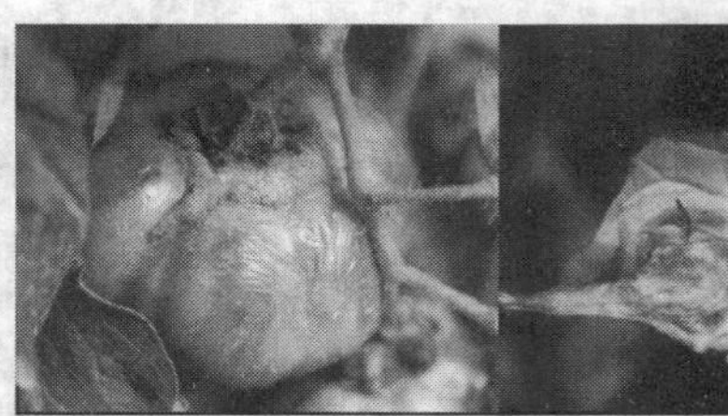

番茄灰霉病危害状

花生黑斑病

黄瓜霜霉病

番茄叶霉病

玉米瘤黑粉病

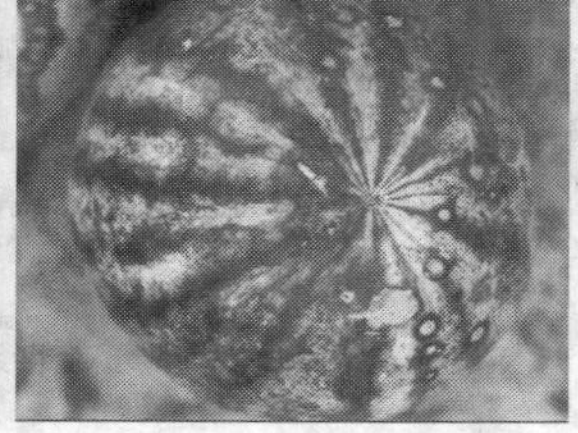

瓜类炭疽病危害状

苹果轮纹病病果

苹果轮纹病病主干

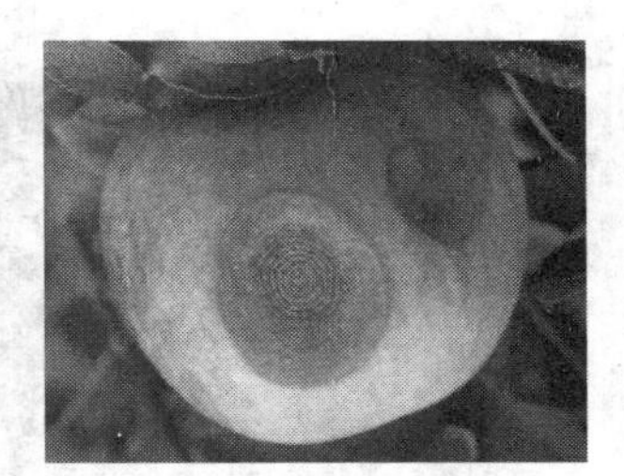

苹果炭疽病

葡萄黑痘病危害状

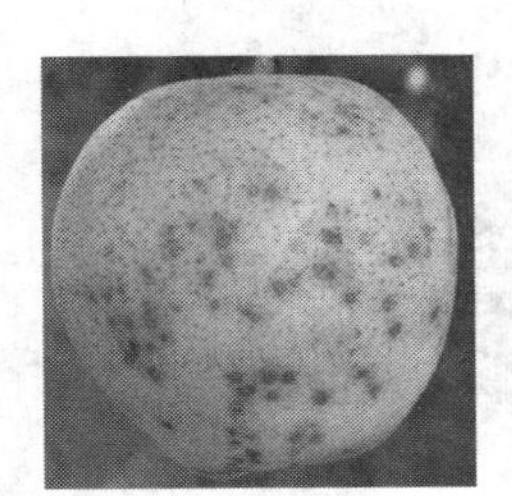

梨黑星病病果

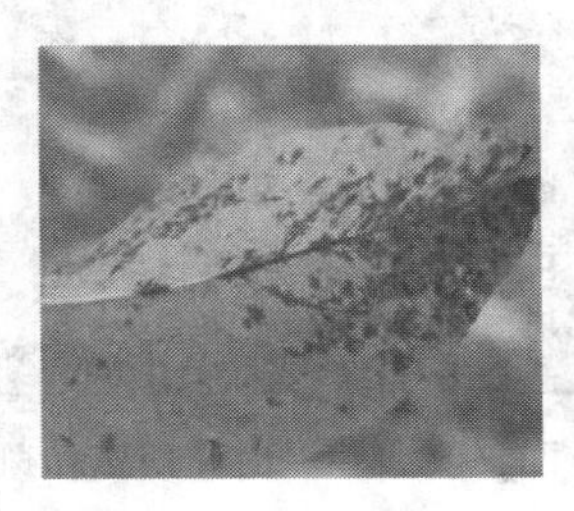

梨黑星病病叶

番茄黄化曲叶病毒病

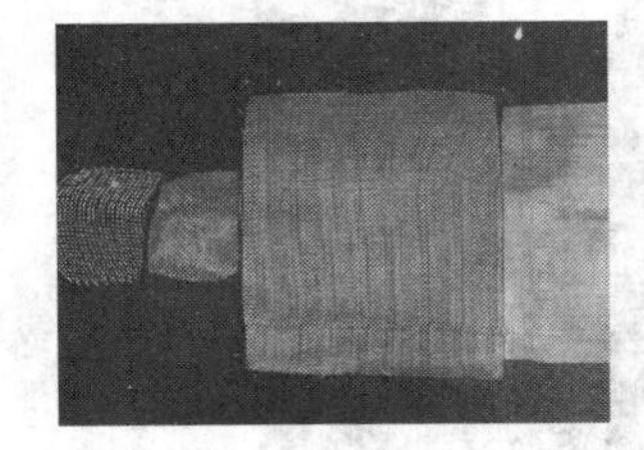

使用防治虫网

传播昆虫烟粉虱

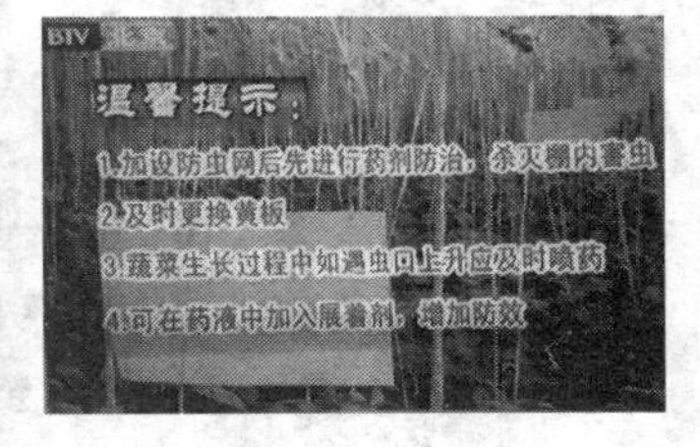

挂黄板

2. 作物主要枝干病害识别

枝枯型腐烂病

溃疡型腐烂病刮皮

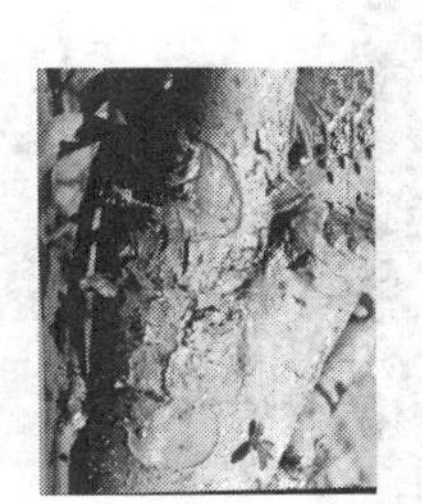

腐烂病后期

茄黄萎病病株

枣疯病病枝

3. 植物苗期和根部病害发生及防治

蔬菜苗期猝倒病——白菜猝到和葱猝到

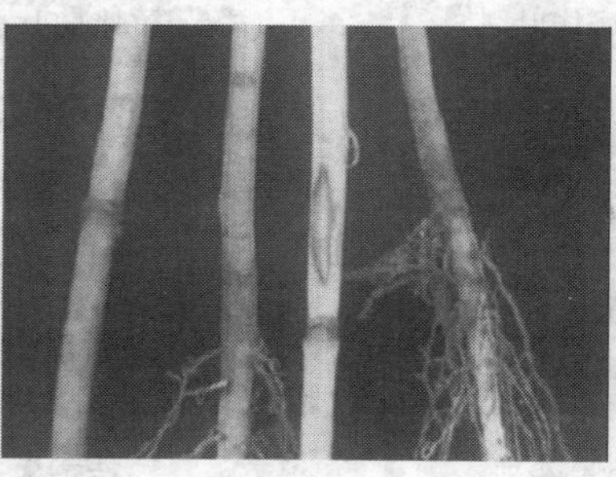

立枯病危害状

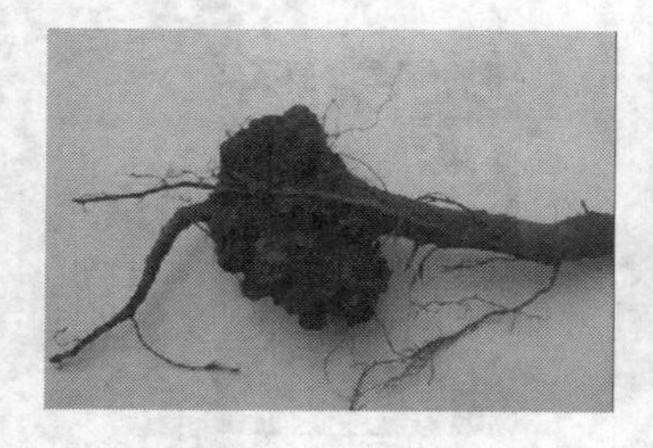

樱桃根癌病

小麦全蚀病

根结线虫危害状

二、农业生产中主要病虫害防治措施及防治方案制定

本节以案例和防治的方式，讲述几种典型作物病虫害防治措施，具体内容如下：

（一）以某一种病虫为例，进行综合防治方案制定

案例 1：常见蚜虫类害虫的综合防治方案。

桃蚜的识别与发生

图 3-12　桃蚜危害状

【分类地位】桃蚜别名桃赤蚜、烟蚜、菜蚜、腻虫，同翅目蚜科，世界性害虫，国内分布极广，为害严重。

【寄主及为害特点】可危害桃、李、杏、郁金香、菊花、十字花科等 352 种。以成虫及若虫刺吸植物汁液，造成危害部位卷缩变形，植株生长不良，还能传播病毒病（见图 3-12）。

【形态特征】有翅胎生雌蚜长 2 毫米；头、胸部黑色，腹部淡暗绿色；背中央有一淡黑色大斑块，两侧有小斑；腹管色绿，甚长，中后部略膨大，末端有明显缢缩。无翅胎生雌蚜长 2 毫米；绿色，但有黄至樱红色的色型变化。若蚜近似无翅胎生雌蚜，个体较小。

【发生规律】桃蚜在华北年发生 10 余代，在温室内可终年繁殖为害。露地以卵在桃枝梢、芽腋及缝隙处越冬，也可以成虫、若虫和卵在蔬菜的心叶及叶背越冬。

瓜蚜的识别与发生

【分类地位】同翅目蚜科，瓜蚜（棉蚜）。

【寄主及为害特点】寄主 74 科 285 种，为害瓜类、茄科、豆科、十字花科等以成虫及若虫在叶背和嫩茎上吸食植物汁液。瓜苗嫩叶及生长点被害后，叶片卷缩，瓜苗萎蔫，甚至枯死；老叶受害，提前枯落（见图 3-13）。

图 3-13　瓜蚜危害状

【形态特征】①干母：春越冬卵孵出的蚜，无翅，长 1.6 毫米，多暗绿。②无翅胎生雌蚜：体色随季节而变，夏为黄绿色。③有翅胎生雌蚜：体长 1.3～1.9 毫米，体浅绿或深绿色。④性母：有翅型，黑色，腹部腹面略带绿色。产卵雌蚜无翅型，有灰白色蜡粉。⑤雄蚜：有翅型，长 1.5 毫米橙红色。

【发生规律】1 年 10～20 代，以卵在花椒、木槿、石榴等的芽腋下越冬。对黄色和橙色趋性最强。

麦蚜的发生与防治

【分类地位】麦长管蚜和麦二叉蚜在国内各麦区均普遍发生。小麦蚜虫的寄主种类较多，除主要为害麦类作物外，也为害稻、高粱、粟和玉米等禾本科作物及禾本科、莎草科等杂草（见图 3-14）。

图 3-14 麦蚜危害状

【寄主及为害特点】以成、若蚜吸食叶片、茎秆、嫩头和嫩穗的汁液。麦长管蚜多在植物上部叶片正面为害，抽穗灌浆后，迅速增殖，集中穗部为害。麦二叉蚜喜在作物苗期为害，被害部形成枯斑。麦蚜能传播小麦病毒病，其中以传播小麦黄矮病为害最重。

【形态特征】

（1）麦长管蚜：身体椭圆形，淡绿至绿色或橘红色；

（2）麦二叉蚜：身体椭圆形或卵圆形，淡绿色或黄绿色；

（3）禾谷缢管蚜：身体卵圆形，深绿色，后端有赤红色至深紫褐色横带，腹部末端钝圆，暗红色（见图 3-15）。

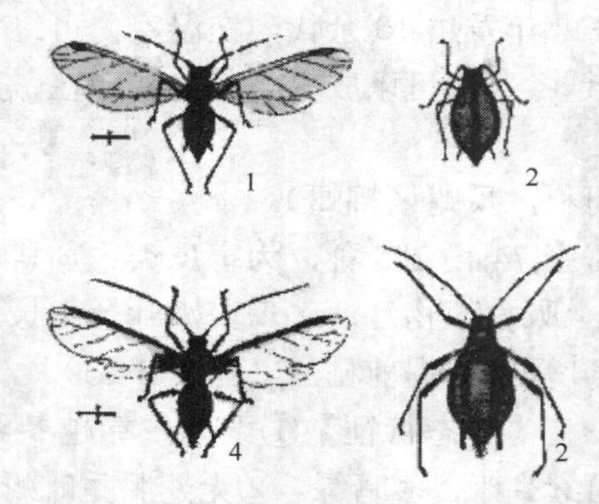

图 3-15 1、2 麦二叉蚜成虫和若虫；3、4 麦长管蚜成虫和若虫

【发生规律】北方麦区以无翅胎生雌蚜在麦株基部叶丛或土缝内越冬，北部较寒冷的麦区，多以卵在麦苗枯叶上、杂草上、茬管中、土缝内越冬。

常见蚜虫类害虫的综合防治措施

（1）植物检疫：加强对园艺植物、野生植物及其繁殖材料（种子、种苗、种球）等检疫性蚜类的检疫。

（2）农业防治：

① 改良土壤、合理施肥、合理灌溉、合理密植，以及推行间作、套种等增产措施常可增强经济植物的抗蚜力，改进植物的生理状态和田间小气候，改善天敌的生存和生活条件，从而不利于蚜虫的发生和繁殖。冬麦适当晚播，实行冬灌，早春耙

磨镇压，可防治麦蚜。

② 合理布局作物，选育抗蚜或耐蚜害的品种。如麦蚜防治，冬、春麦混种区尽量使其单一化，秋季作物尽可能为玉米和谷子等。

③ 加强田间管理，结合施肥，清除杂草，清洁田园，及时处理残株败叶，结合中耕打去老叶、黄叶，间去病虫苗，为害早期摘除被害卷叶和被害枝梢。并立即带出田间，加以处理，可消灭相当数量的蚜虫。果园或苗圃，秋末早春发芽前刮粗皮，除树上残附物，集中灭越冬卵。

④ 选择好育苗地，苗床要远离菜地、留种地及桃、梨果园。

⑤ 花卉上发现少量蚜虫时，可用毛笔蘸水刷净，或将盆花倾斜放于自来水下旋转冲洗，既灭了蚜，又洗净叶片，提高了观赏价值和促进叶面呼吸作用。

（3）生物防治：蚜虫的天敌资源非常丰富，对其要进行保护、繁殖和引进。

① 保护天敌：蚜虫的天敌很多，例如蚜茧蜂、食蚜蝇、草蛉、瓢虫，蜘蛛类，它们发挥作用较大，在蚜虫天敌盛发期尽可能在田间少施或不施化学农药，避免杀伤天敌，利于发挥天敌的自然控制作用。如利用蚜霉菌等真菌和半知菌防治棉蚜、桃蚜等多种蚜虫。

② 人工释放天敌：在自然天敌不足时，要释放可用的天敌种类。例如冬季收集越冬的瓢虫、草蛉，春季饲养一段时间后，释放于田间。夏收前人工采集麦田瓢虫，释放于菜地、果园，设置田间人工招引瓢虫越冬场所等，都是合理有效地利用天敌昆虫，进行生物防治的好方法。引种、繁殖并释放蚜茧蜂、蚜小蜂，以防治三叶草彩斑蚜和豌豆牙等农作物蚜虫；用日光蜂防治苹果棉蚜。

③ 利用蚜霉菌等真菌和半知菌防治棉蚜、桃蚜等多种蚜虫。

（4）物理机械防治：

① 黄板诱蚜：利用大部分蚜虫对黄色具有正趋性，可在田间设置黄板进行诱杀，注意应及时更换黄色板。

② 银灰膜驱蚜：利用蚜虫对银灰色的负趋性，在田园内、苗床上铺设或吊挂银灰薄膜，可驱避多种蚜虫，也可用银灰塑料绳吊秧，预防病毒病。

③ 果实套袋：有条件果园可进行套袋。

④ 蚜虫信息素诱蚜：将蚜虫信息素（400 微升）滴入小棕色塑料瓶中，瓶塞上打个直径 1 毫米的小孔，将瓶悬挂在园中，在其下方放置水盆，使诱来的蚜虫落水而死。

（5）化学防治：防治适期和防治指标，蚜虫的防治适期因地区和蚜虫种类而异，同种蚜虫在寄主的不同生育期防治指标亦不同。

菜蚜：有翅蚜出现的高峰初见期后 2～7 天，约为田间有翅蚜出现的高峰期，即是田间防治的适期。

果树蚜虫：由于果树蚜虫多在裂皮缝隙、芽腋、枝条等处越冬，因此，果树落叶至次年萌芽期间是进行防治的最佳时期，应结合秋冬季节果园管理，采用涂干、刮树皮、冬剪等措施进行防治。此外，生长期间发生的蚜害，应掌握在点片发生或卷叶之前进行防治，效果最佳。

防治药剂

① 药剂熏蒸：空棚定植前，用敌敌畏拌麦糠熏蒸的方法进行防治。每公顷用80%敌敌畏 EC 0.75～1 千克，兑水 75 升，喷在麦糠（100 千克）上于傍晚密闭熏蒸杀蚜，兼防白粉虱。生长季可在傍晚放苫前，密闭棚室，可用杀瓜蚜烟剂 1 号，熏蚜颗粒剂 2 号，烟剂 4 号，直接熏蒸杀蚜。

② 施用缓释片剂：在瓜类定植时，大兴区每株瓜秧在基部放一片一特牌防蚜虫片剂，效果很好。

③ 涂环和越冬卵的防除：当果园内或观赏树木上点片发生蚜虫时，或天敌数量较大、活动频繁时，可采用涂环防治法：刮掉树干上的老翘皮，涂上 6 厘米宽的药环［可选用 40%氧化乐果或 50%久效磷 EC 按药水 1∶（2～10）的比例配好］，涂后包上塑料薄膜。也可用羊毛脂加 50%久效磷 EC 按 6∶1 混合均匀，涂树干即可。

多数仁果类蚜虫是以卵越冬的，当越冬卵量很大时，可于早春树萌芽前喷 5%矿物油乳剂，或结合刮树皮，消灭越冬卵。

④ 喷粉或喷雾在春季越冬卵孵化后尚未进入繁殖阶段和秋季蚜虫产卵前（京津地区为 4 月中旬和 10 月下旬）分别喷施 1 次 10%吡虫啉 2000～3000 倍液防治。70%艾美乐水分散粒剂 1～1.5 克/667 平方米，或 20%康福多可溶剂 10～12 毫升/667 平方米，10%吡虫啉类 WP3000 倍液、3%啶虫脒 EC15～20 毫升/667 平方米或 2.5%溴氰菊酯 3000 倍液等，喷雾防治。喷雾时喷头应向上，重点喷施叶片背面。采摘前 7 天停止用药。在作物生长期间可用 1.5%乐果 PC、1.5%灭蚜净 PC、2%倍硫磷 PC，2%杀螟松 PC，45～50 千克/公顷喷粉。另外，防治蔬菜蚜虫时，可采用高效、低毒的绿色农药如 1.8%阿维菌素 EC、2.5%鱼藤酮 EC、0.3%苦参素水剂 80～100 倍等喷雾。

⑤ 家庭养花或写字楼租摆如虫量不多时以清水冲洗芽、嫩叶和叶背，若发现大量蚜虫时，应及时隔离，并立即选用药物或土法消灭虫害，其具体措施如下：如用 1∶15 的比例配制烟叶水，泡制 4 小时后喷洒或用 1∶4∶400 的比例，配制洗衣粉、尿素、水的溶液喷洒。

案例 2：菜青虫综合防治方案。

【发生及为害特点】青虫是菜粉蝶幼虫（见图 3-16、图 3-17），菜粉蝶别名菜白蝶，属鳞翅目粉蝶科。主要为害十字花科植物的甘蓝、花椰菜等叶片。幼虫食叶，2 龄前在叶背啃食叶肉，残留表皮，俗称“开天窗”，3 龄后蚕食叶片，吃叶成孔洞和缺刻，同时排出大量虫粪，污染叶面和菜心；还能引起软腐病的侵染和流行。一年 4～5 代，大多以蛹越冬。

图 3-16 菜青虫危害状

图 3-17 菜青虫成虫菜粉蝶

【防治措施】

（1）农业防治：收获后，及时清除残株败叶，并翻耕土地，以消灭田间残留的卵、幼虫和蛹。早春，可以通过地膜覆盖，提早春甘蓝的定植期，避开菜粉蝶的发生高峰。

（2）生物防治：保护自然天敌，如卵期的广赤眼蜂、幼虫期的粉蝶绒茧蜂（黄绒茧蜂）、微红绒茧蜂、蛹期的粉蝶金小蜂及广大腿小蜂等。此外胡蜂、步甲可捕食幼虫和蛹；食虫蝽可吸食幼虫的体液；还有一些病原微生物如细菌和真菌等，如3.2%Bt可湿性粉剂或国产Bt乳剂或青虫菌六号液剂500～800倍液对菜青虫有良好防效，若菌液中加0.1%的洗衣粉，可增加黏着性，或再加少许化学农药增加速效性，均可提高药效。此外，在太阳落山后使用效果会更好。施用病毒制剂奥绿一号，以每亩50头感染病毒而死的虫尸，研磨处理后加水30～60千克稀释，加入0.1%洗衣粉喷雾。也可与低浓度农药混用，效果显著。

（3）化学防治：化学防治的适期掌握在1～3龄幼虫盛发期，一般在产卵高峰后1周左右喷药。常用药剂有：25%爱卡士EC800倍液，0.36%百草一号植物源农药600～800倍液1%阿维菌素系列灭虫清、灭虫灵等；5%抑太宝乳油1500～2000倍液；5%卡死克乳油2000倍液；除尽3000倍液（可兼治夜蛾）；5%菜喜胶悬剂1000倍液；50%宝路可湿性粉剂1500倍液。

建议在高峰期使用阿维菌素系列及其复配剂，苗期使用残留相对较长的有机磷农药，临近收获期使用安全、低毒微生物农药BT或百草一号及病毒制剂奥绿一号。

案例3：甘薯茎线虫病综合防治方案。

甘薯茎线虫病又称“糠心病”、“空梆子”，是甘薯上具有毁灭性的一种重要病害（见图3-18），国内列为检疫对象。此病1937年传入我国，随着近年来，由于甘薯价值提高，价格上涨，扩种过程中种子不足，引种混乱，个别地方有爆发现象。此病不仅在田间为害，直接影响产量，还可在窖藏期引起烂窖，育苗时导致烂床。一般因病减产两三成，严重地块可减产八九成，甚至绝收。要生产高质量的无公害甘薯，需要对病虫害进行综合防治，尤其是甘薯茎线虫病，为此制定“甘薯茎线虫病综合防治方案”。

图 3-18　甘薯线虫病症状

【危害症状】甘薯茎线虫病的症状主要表现在薯块上，其次是蔓的基部和幼苗的茎部（见图 3-19 和图 3-20）。

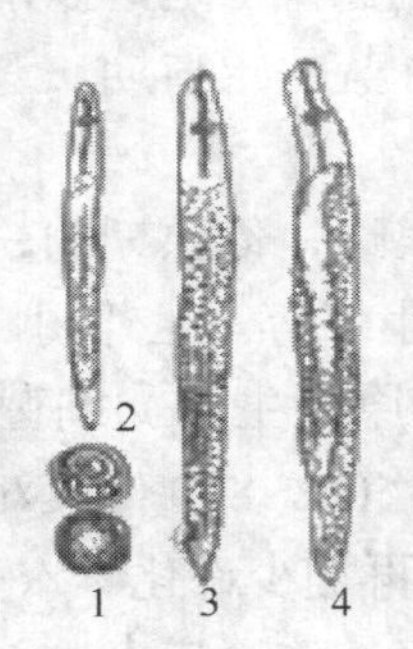

图 3-19　甘薯茎线虫

图 3-20　甘薯茎线虫病症状

育苗期：苗床上出苗少，矮小发黄，苗的白色部分青灰色，剖开后茎内有空隙，折断不流白浆。

大田生长期：在生长初期症状不明显，中期开始表现秧蔓短，近地面薯拐处表皮龟裂，叶片由下而上发黄，这些症状是由地下薯块受害引起。

薯块上症状常见的有三种类型：一种是糠心型，发病的薯块从大小、颜色等方面与正常薯块无明显区别，表皮完好，但薯块内部由于受线虫刺激后，薄壁细胞失水、干缩呈白色海绵状（或粉末状），有大量空隙，称为“糠心型”。后期由于土壤中杂菌随机感染，因此呈现褐白相间的糠心状（严重的表皮呈暗褐色或称猪肝色）。这种类型多是由苗子带线虫直接侵染造成的；另一种是糠皮型，薯块表皮龟裂、失水呈糠皮状。这种类型是由土壤中线虫直接侵染刺吸造成的；第三种类型是混合型，表现为内部糠心，外部糠皮（这种类型在重病地生长后期发生多（糠心型，外表不易区别，手掂轻，敲敲发空梆响声）。

【病原】甘薯茎线虫属于侧尾腺口线虫亚纲，垫刃目垫刃科茎线虫属。

寄主范围：自然情况下，除甘薯外，茎线虫还可侵染山药、萝卜、胡萝卜、马铃薯、大蒜等。

【发病规律】

1．侵染来源

甘薯茎线虫可以卵、幼虫、成虫在病薯中随贮藏和在田间越冬，以幼虫、成虫在土壤、粪肥中越冬，因此，田间病残（薯块、薯干、病薯拐）、病土及病薯、病肥是线虫病的主要侵染来源。如收获时，病薯在田间到处乱丢等。

2．传播

远距离主要通过病薯、病苗调运传播，田间近距离传播，则由土壤、肥料、病薯、病苗上的线虫经耕作、流水等传播扩散。

3．病害的发展

线虫随着病薯越冬后可传到苗床侵染幼苗，幼苗携带线虫进入大田直接侵染块根发病，同时田间土壤中病残体和土壤中的线虫又可直接或从伤口侵染块根，收获后病薯进入贮藏窖越冬，完成周年循环过程。另外，线虫抗干燥能力较强，贮藏一年的薯干内的线虫有76%的成活率，所以目前薯干调运传播的作用也不能忽视。

4．发病条件

茎线虫病的发生发展与线虫本身的抗性、甘薯的栽培管理、土壤质地等条件都有一定关系。

（1）线虫的抗性：茎线虫在2℃即开始活动，7℃以上能产卵和卵孵化，发育适温为 25～30℃，线虫耐低温不耐高温。据实验地瓜苗中的线虫经 48～49℃温水浸10分钟，死亡率达98%。茎线虫喜温耐干，在含水量12.7%的瓜干中大部分线虫呈休眠状态，遇到雨水或浸在水中即恢复活动（见图3-21）。

图3-21

（2）栽培方式：栽培方式对病害发生影响很大，一般春薯发病重于夏薯，甘薯直栽重于苗栽。种植夏薯或春薯提前收获，线虫危害期短，可减轻危害。

（3）土壤质地：质地疏松、通气性好的沙质土、干燥土病重。黏质土病轻。

（4）品种抗性：品种间抗性差异特别明显，如长期连续种植的北京553严重感病。

【防治措施】

1．加强检疫措施，保护无病区

应严格实行种薯、种苗检疫，严禁从病区调运种薯、种苗，同时对病区薯干也应控制调运。

2．建立无病留种地

繁育和种植无病种薯、种苗是防治茎线虫病的重要措施。应选3～5年未种过甘薯的地块作留种地。留种地幼苗扦插时最好从春薯地中剪蔓头，繁殖的种子育苗后用药剂浸苗后再扦插，以保证种苗不带线虫。常用药剂：50%辛硫磷300倍液，浸苗30分钟。生长期还要防止传入线虫，种薯单收单藏。因夏薯生长期较短，无病留种地设在夏薯地，效果相对较好（见图3-22）。

图3-22

3．加强农业防治措施

（1）清除病残，减少侵染来源。

（2）已发病的地要在育苗、移栽、贮藏三个时期，严格清除病残（包括收获时乱扔在田间的病薯、病蔓等，应集中晒干烧掉，勿做肥料或留用，病薯皮、洗薯水、病地土、病苗床土都不要做沤粪材料，若要做肥料需经50℃以上高温发酵。

（3）实行轮作：茎线虫寄主范围窄，易于轮作，可与常规作物如玉米、小麦、棉花、花生等轮作。单需3年以上效果才明显。

（4）药剂防治：药剂防治是茎线虫病防治的重要措施之一，而且可以直接杀死土壤、粪肥、种苗中的线虫。药剂种类很多，过去病区常用具有熏蒸性的药剂处理土壤，但熏蒸性药剂必须在插秧前20～30天使用，处理上较麻烦，因此近年来多采用一些非熏蒸性药剂。常用的有：5%克线磷颗粒剂，5%地瓜茎线灵颗粒剂、垄鑫棉隆。一般移栽时穴施：开沟，施药，浇水，栽苗。

（5）选种抗病品种：目前高抗线虫病的品种有：济薯15号、南薯99号、广薯95－145、徐州22，徐紫薯1号，美国红安薯1号等，可因地制宜配合使用。

（二）举例说明病虫害综合防治方案制定

案例 1：苹果病虫害综合防治方案（见图 3-23）。

康氏粉蚧危害的苹果

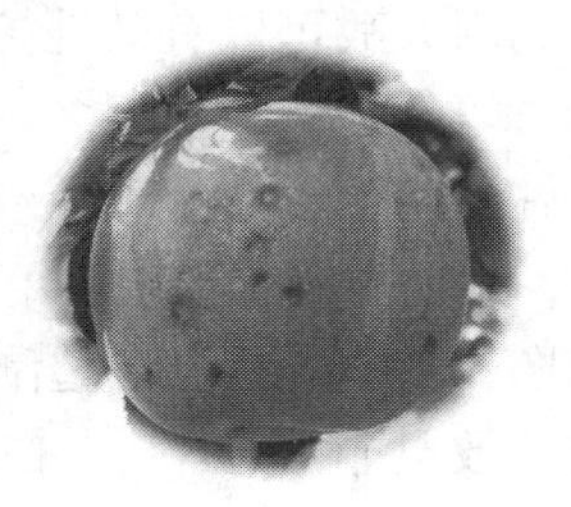

苹果苦痘病

图 3-23　苹果病虫害

苹果园的病虫害综合防治技术：我国的苹果园大都采用集约的方式生产，以乔化密植、化肥和化学农药大量应用为主要特征，造成了果树抗性降低，天敌减少，病虫害连年发生，有时还给果农造成较大损失。随着我国加入世界贸易组织（WTO）和国外市场对果品安全性要求的日渐苛刻，如何采用更安全的措施防治病虫害，特别是采用有机的防治方法是当前苹果生产的一项重大课题。苹果园的病虫很多，但真正能产生较大危害的只有十几种，而具体到某个果园真正能产生危害的往往只有几种，只要掌握了它们的发生发展规律，防治并不困难。对于采用有机生产的苹果园在防治过程中要采用预防为主、综合防治的原则，主要采用生物的、物理的方法防治病虫害，配合使用生物农药和低残留农药见图 3-24。

苹果树腐烂病

苹果轮纹病

图 3-24　苹果园的病虫害

1. 苹果园的主要病虫害

苹果的主要病害有：苹果树腐烂病、苹果轮纹病、苹果炭疽病、苹果斑点落叶病、苹果干腐病、苹果白粉病、苹果黑星病、苹果锈病、苹果褐斑病、苹果心腐病、苹果苦痘病（生理性缺钙引起）等。

主要的虫害有：蚜虫类（苹果黄蚜、苹果瘤蚜、苹果棉蚜等）、食心虫类有（桃小食心虫、梨小食心虫、苹小食心虫等）、卷叶蛾类（苹小卷叶蛾、顶梢卷叶蛾、苹果褐卷叶蛾等）、潜叶蛾类（金纹细蛾、银纹细蛾和旋纹细蛾等）、植食螨类。

2. 苹果园病虫害的防治措施

阳光是最好的杀菌剂，进行苹果树开心形改造，解决通风透光问题，是防治病虫害发生的最好措施；通过果园生草、增施腐熟有机肥，养根壮树是提高果树抗性的基础；保护和利用天敌可以有效地控制卷叶蛾和潜叶蛾类害虫的发展，也可利用性诱剂进行干扰；蚜虫的天敌也很多，但早春天敌出来得晚，还需辅以生物农药；果实套袋可以很好的防治食心虫和轮纹病的发生；利用机油乳剂可以有效控制蚧类虫害；石硫合剂、波尔多液（套袋后用）、木醋液、活性氧杀菌剂等都是有机农业常用的杀菌剂（见图 3-25）；通过春起刮树皮可以大大降低病虫卵的基数，另外黑光灯对金龟子的诱杀效果非常好。Bt、白僵菌、植源性除虫菊素、杀虫皂、多抗霉素、多氧霉素、农抗 120 等都是生物农药，这些措施均可用于有机生产的果园。腐烂病是苹果毁灭性病害，当果树感染时要及时把病斑刮干净，并涂上伤口愈合剂（见图 3-26），或用地面一米以下的心土和成泥把病斑用泥包住并用塑料薄膜包紧。

被寄生蝇寄生的卷叶蛾

被性诱剂诱杀的潜叶蛾

糖醋液诱杀卷叶蛾

图 3-25 苹果园病虫害及防治列举

图 3-26 采用伤口愈合剂防治苹果腐烂病

对于按无公害或绿色标准生产的果园也可用一些低残留的化学农药如吡虫啉、螨死净、灭幼脲、多菌灵、大生 M-45、粉锈宁等。乐果、辛硫磷、溴氰菊酯、扑海因等毒性较大的农药在必需时也可使用一次，且要在采收前 30 天之内不使用。北京地区一般每年打药 5～7 次，平原地区生长季湿度较大、病虫害重、打药次数要多一些，山区病虫害轻，打药次数要少一些。对于病害要以预防为主，早打药，不要等发现病症以后再防治。苹果对于钙的吸收主要是在前期进行的，所以补钙要提前进行，一般要在套袋前完成（见图 3-27、图 3-28）。对于虫害要掌握好打药时机，根据具体虫害的发生规律及时用药（具体的防治方法和用药时间详见附录苹果周年工作历）。

图 3-27

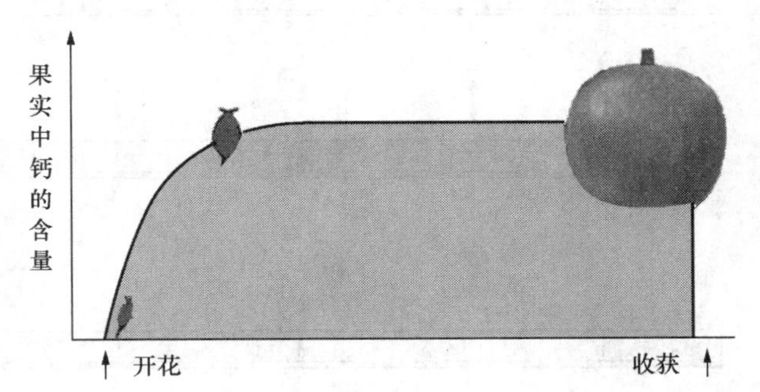

图 3-28　苹果在生长期钙含量示意图

以下为苹果几种主要虫害的发生规律和用药时机，其绿色部分为最佳用药时机。

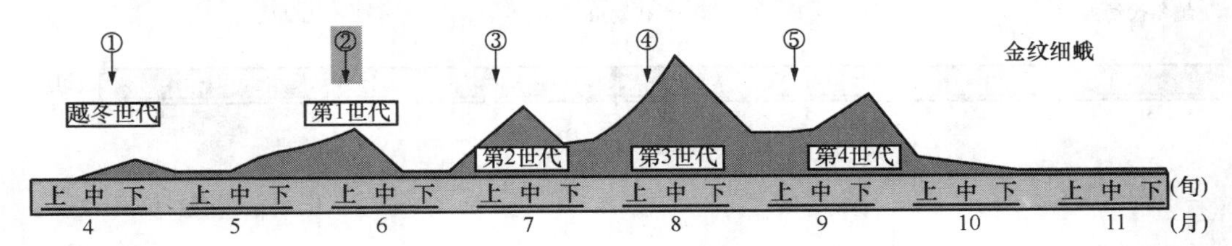

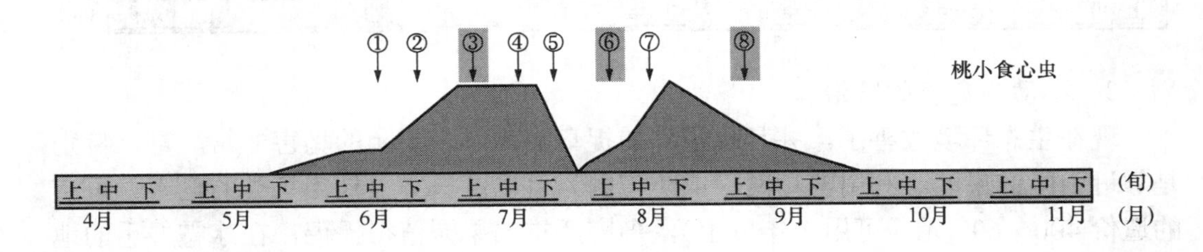

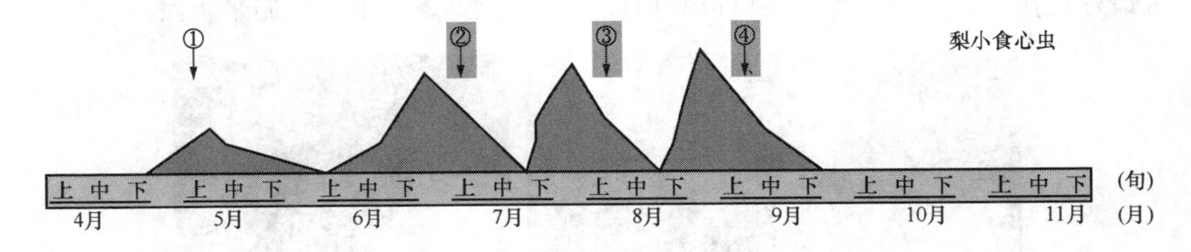

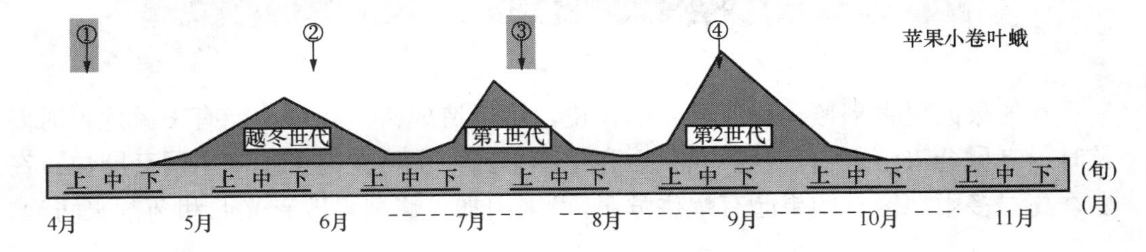

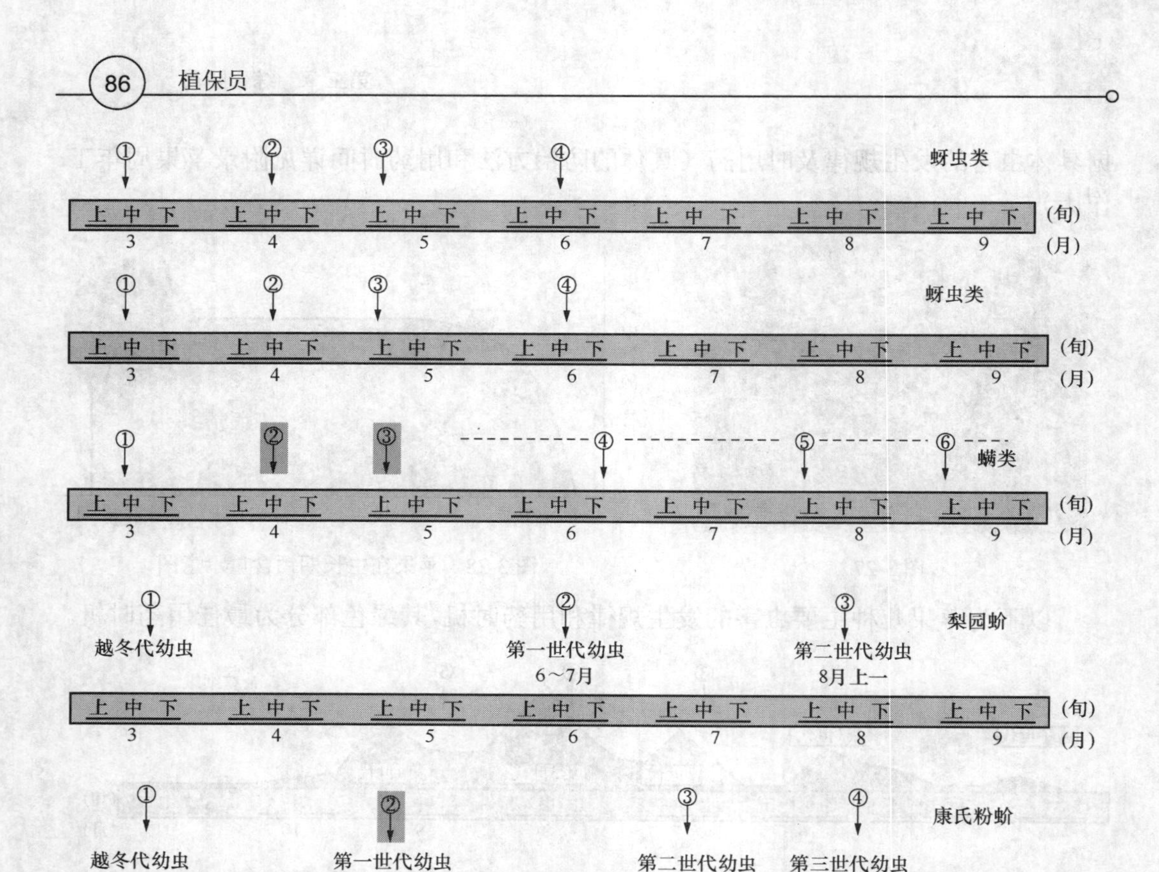

3. 小动物危害的防治

现在生态环境改善了，并且也不许捕捉鸟类，不少果园的鸟害非常严重，特别是靠近山区的果园。利用防鸟网（或防雹网）可以从根本上杜绝鸟类的危害，每亩的造价 400～600 元（可用 5 年以上），鸟害严重的果园值得提倡，在冰雹严重的地区最好直接用防雹网。此外还可以利用反光镜、鞭炮、鸟炮等措施来防治。

图 3-29

有的果园鼠害猖獗，田鼠喜欢啃树皮，可以造成树木死亡，当有田鼠危害时要及时用老鼠药来消灭它，一般在秋后和早春下药，也可在树干基部用网套圈住。在夏季高温多雨地区有的果园有蜗牛危害，可采用加大修剪量改善光照和药剂来防治。

附件1　防治苹果病虫害对应的药剂

1. 防治苹果害虫对应的杀虫剂

（1）桃小食心虫：辛硫磷、毒死蜱、好劳力、安民乐、乐斯本、乙酰甲胺磷、杀螟硫磷、除虫脲、氟啶脲、氟虫脲、氟苯脲、速灭杀丁、虫赛死、阿耳发特、阿灭灵、氟氯氰菊酯、安绿宝、功夫、天王星、百树菊酯、保得、敌杀死、高效氯氰菊酯、来福灵、灭扫利等；

（2）潜叶蛾（金纹细蛾、旋纹潜叶蛾、银纹潜叶蛾）：杀铃脲、灭幼脲、氟铃脲、甲氧虫酰肼、米满、安棉特、好年冬、丁硫克百威、赛丹等；

（3）蚜虫（绣线菊蚜、苹果瘤蚜）：矿物油乳剂、吡虫啉、康福多、艾美乐、蚜虱净、安棉特、好年冬、丙硫克百威、啶虫脒、膀蚜雾、蚜灭多、好劳力、安民乐、阿克泰、安克力、噻虫嗪、抗蚜威、硫丹等；

（4）叶螨（山楂叶螨、全爪螨、果苔螨）：石硫合剂、机油乳剂、硫悬浮剂、多硫化钡、尼索朗、螨涕、农螨丹、霸螨灵、唑螨酯、溴螨酯、克螨特、噻螨酮、双甲脒、螨死净、双甲脒、扫螨净、卡死克、浏阳霉素、苦参碱、阿维菌素、苯丁锡、三唑锡、三磷锡、丁硫脲、灭扫利、联苯菊酯、氟丙菊酯、吡螨胺、螨即死等；

（5）苹果棉蚜：好劳力、安民乐、毒死蜱、乐斯本等；

（6）卷叶蛾（苹果小卷叶蛾、苹果卷叶蛾、黄斑卷叶蛾、顶梢卷叶蛾、梅木蛾、黑星麦蛾等）：敌百虫、敌敌畏、亚胺硫磷、辛硫磷、杀螟硫磷、甲氧虫酰肼、好年冬、硫双威、氟虫脲、杀铃脲、灭幼脲、除虫脲、氟铃脲、虫赛死、阿耳发特、敌杀死、青虫菌等；

（7）金龟子（苹毛丽金龟、铜绿丽金龟、黑绒金龟、小青花金龟、白星花金龟等）：敌百虫、辛硫磷、氰戊菊酯、保得等；

（8）二斑叶螨：石硫合剂、机油乳剂、硫悬浮剂、尼索朗、螨涕、农螨丹、霸螨灵、克螨特、螨死净、螨即死、双甲脒、卡死克、浏阳霉素、阿维菌素等；

（9）梨网蝽：敌敌畏、马拉硫磷、杀螟硫磷、辛硫磷、好劳力、安民乐、虫赛死、阿耳发特、阿灭灵、氰戊菊酯、高效氯氰菊酯等；

（10）介壳虫（梨园蚧、康氏粉蚧、草履蚧、朝鲜球坚蚧、角蜡蚧等）：石硫合剂、柴油乳剂、敌敌畏、速蚧克、融蚧、速扑杀、杀扑磷、蚜虱净、吡虫啉、康福多、艾美乐、抗蚜威、盖达、啶虫脒、莫比朗、好劳力、安民乐、乐斯本、优乐得、噻嗪酮等；

（11）蝽象（茶翅蝽、麻皮蝽、绿盲蝽等）：敌敌畏、辛硫磷、马拉硫磷、虫赛死、阿耳发特、阿灭灵、安绿宝、保得、功夫、氰戊菊酯、高效氯氰菊酯等；

（12）叶蝉（大青叶蝉、苹果塔叶蝉、葡萄斑叶蝉等）：速扑杀、杀扑磷、马拉硫磷、杀螟硫磷、喹硫磷、蚜虱净、吡虫啉、安绿宝、虫赛死、阿耳发特、阿灭灵、安棉特、天王星、虫赛死、敌杀死、功夫、高效氯氰菊酯、保得、百树菊酯等；

2. 苹果病害防治对应杀菌剂

（1）苹果树腐烂病：石硫合剂、腐必清、内疗素、武夷霉素、抗生素 S-921、菌毒清、金力士、腐烂敌、平腐灵、843 康复剂、9281、菌立灭等；

（2）苹果褐斑病：石硫合剂、多硫化钡、波尔多液、绿得保、绿乳铜、金纳海、科博、普德金、保加新、大丰、鸽哈、大生富、安泰生、大生 M-45、喷克、新万生、猛杀生、易保、多菌灵、纳米欣、甲基托布津等；

（3）苹果炭疽病：多硫化钡、波尔多液、普德金、百菌清、福美锌、保加新、金纳海、鸽哈、大生富、猛杀生、喷克、大丰、新万生、猛杀生、大生 M-45、易保、多菌灵、敌菌灵、甲基硫菌灵、金力士、丙环唑、炭疽福美、氯苯嘧啶醇、溴菌清、施保功、克菌宝、苯菌灵、世高、杀菌优等；

（4）苹果轮纹病：石硫合剂、多硫化钡、波尔多液、普德金、保加新、金纳海、鸽哈、大丰、大生富、喷克、猛杀生、新万生、易保、大生 M-45、多菌灵、苯菌灵、纳米欣、金力士、敌菌丹、强力轮纹净、甲基托布津、中生霉素、克菌丹、福星、好力克、万兴等；

（5）苹果斑点落叶病：普德金、保加新、金纳海、大生富、大丰、安泰生、大生 M-45、喷克、新万生、百可得、扑海因、易保、金力士、鸽哈、亚胺唑、霉能灵、好力克、世高、戊唑醇、己唑醇、三乙磷酸铝、杀菌优、安福、宝丽安、多抗霉素等；

（6）苹果锈病：石硫合剂、多硫化钡、三唑酮、粉锈宁、百理通、烯唑醇、双苯三唑醇、金力士、速保利、福星、信生、仙生等；

（7）苹果白粉病：石硫合剂、硫悬浮剂、氯苯嘧啶醇、金力士、鸽哈、速保利、好力克、粉锈宁、翠贝、特富灵、己唑醇、福星、烯唑醇、信生、氟菌唑、农抗 120 等；

（8）苹果黑星病：石硫合剂、多硫化钡、波尔多液、普德金、保加新、金纳海、大丰、大生富、安泰生、大生 M-45、大丰、喷克、新万生、鸽哈、多菌灵、纳米欣、甲基托布津、金力士、翠贝、烯唑醇、速保利、戊唑醇、己唑醇、双苯三唑醇、世高、醚菌酯、福星、信生、仙生、春雷霉素等；

（9）苹果花腐病：石硫合剂、多硫化钡、大生富、普德金、保加新、大丰、大生 M-45、安泰生、纳米欣、多菌灵、特哈、甲基硫菌灵、多抗霉素、宝丽安、二氰蒽醌、二噻农等；

（10）苹果霉心病：大丰、大生富、大生 M-45、扑海因、多抗霉素、宝丽安、喷克、易保等；

（11）苹果圆斑根腐病：代森铵、金力士、菌毒清、克菌宝、络氨铜、硫酸铜、石硫合剂、杀菌优等。

附件 2　苹果病虫害周年防治历

表 3-5　苹果病虫害周年防治历

时间	防治对象及方法（作业内容）
11 月至3 月	将所有的修剪伤口都涂抹愈合剂，随剪随涂，防止感染腐烂病；结合冬剪，剪除病虫枝梢、病僵果，翻树盘及刮除老粗翘皮、病瘤、病斑等，连同枯枝落叶一块深埋；喷 50 倍的机油乳剂防止蚧类害虫（休眠期用）；萌芽前全树均匀喷布 3~5 度石硫合剂。
4 月	花前喷布 500~1000 倍 Bt 或植源性除虫菊防治蚜虫、卷叶蛾和潜叶蛾等害虫；开花前后也可喷 0.3 度石硫合剂防治病虫害；花期敲击树干枝振落害虫人工捕杀，利用黑光灯、性诱剂诱杀害虫；*也可选用吡虫啉加多菌灵或粉锈宁或 10%阿维菌素 5000 倍液等防治病虫。*
5 月	用杀虫灯、糖醋液和性诱剂等诱杀害虫；喷布 500~1000 倍 Bt 或植源性除虫菊防治各类害虫；同时加入多抗霉素或农抗 120 等防治轮纹病、炭疽病、早期落叶病等；*也可用吡虫啉、灭幼脲、毒斯蜱、螨死净、溴氰菊酯或 1%阿维菌素 5000 倍液等杀虫剂，杀菌剂可用多菌灵、大生 M-45、扑海因、甲基托布津、粉锈宁等；5 月份是病虫害防治的关键时期，每隔 10 天左右就要用一遍药，各种药剂最好交替使用，套袋前一定要喷一遍药；再喷药的同时加入* $CaCl_2$、*钙宝，*$FeSO_4$、*尿素等*，也可加入各种微生物叶面肥和氨基酸营养液。
6 月	喷石灰波尔多液 200 倍防治轮纹病、炭疽病、早期落叶病等；利用杀虫灯、糖醋液诱杀金龟子等害虫；利用性诱剂诱杀卷叶蛾、潜叶蛾、食心虫等害虫；麦收前喷 0.1 度石硫合剂或阿维菌素防叶螨；利用天敌防治蚜虫；也可采用低毒的合成农药（见上文）防治病虫；喷药时最好加入各种营养药剂。
7 月	利用黑光灯、性诱剂诱杀害虫，15 天左右喷一遍波尔多液，并根据实际情况选用其他有机农药防治病虫害，每 10～15 天可进行一次叶面喷施植物源营养液。
8 月	继续割草并进行病虫害的防治，特别是及时喷药防治病害的扩展，15 天左右喷一编波尔多液。
9～10 月	脱袋后用一编有机杀菌剂。

注：文中*斜体部分*为无公害生产果园推荐使用，其他措施均可用于有机果园的生产管理。

（三）某地区几种主要作物病虫害综合防治方案制定

案例 1：蔬菜无公害生产病虫害周年防治历。

表 3-6　列举蔬菜无公害生产病虫害周年防治历

防治时期	防治措施	注意事项(补充)
1 月	大棚育苗，抓好大棚蔬菜苗期蚜虫和病毒病防治；以清园和土壤消毒为重点。	（1）学会常见蔬菜病虫害田间调查与识别。（2）掌握常用农药的配置及使用技术。
2 月	（1）露地育苗　防治茄果类、瓜类、豆类苗期病害，如猝倒病、立枯病、灰霉病、沤根；防治蚜虫、地下害虫对幼苗的危害。重点防土传病害。（2）大棚内瓜菜易发生灰霉病、疫病、枯萎病及蚜虫危害。病虫防治应采取农业防治和药剂防治相结合，例如做好棚内温湿度管理，降低棚内湿度，畦沟铺草，合理施肥水，及时整枝、摘除病、老叶，喷施农药预防等。	

续表

防治时期	防治措施	注意事项（补充）
3 月	（1）做好植保机械的检修和各种药剂的准备。同时，加强中管棚内病虫害的测报与防治工作。 （2）防治茄果类蔬菜早疫病、灰霉病、病毒病，辣椒疫病、炭疽病，茄子黄萎病、褐纹病；黄瓜霜霉病、白粉病、疫病枯萎病、细菌性角斑病、根结线虫病。防治蚜虫、烟青虫、红蜘蛛、黄守瓜等害虫。	（3）掌握常用植保机械的使用。 （4）掌握蔬菜病虫害标本制作技术。 （5）掌握蔬菜病害诊断技术。
4～5 月	加强病虫情况的校验，积极做好病虫防治工作。番茄晚疫病、叶霉病，黄瓜霜霉病，茄子褐纹病、菌核病，豇豆锈病等要及时喷药防治。虫害主要有小地老虎、蚜 虫、青虫，大棚内的茶黄螨、跳甲等，要注意对症下药，农药交替使用，禁止在蔬菜上使用甲胺磷等剧毒农药。	
6～7 月	防治瓜类霜霉病、白粉病、炭疽病，茄果类绵疫病、早、晚疫病、叶斑病等病害；虫害主要有蚜虫、白粉虱、斑潜蝇、红蜘蛛、菜青虫、食心虫、棉铃虫、甜菜夜蛾、斜纹夜蛾、瓜绢螟、豆野螟、跳甲、蓟马等。要几种农药交替施用，提高防治效果。	—
8 月	防治茄子绵疫病、黄瓜霜霉病、白粉病，防治白粉虱、斑潜蝇、蚜虫、各种螨类菜青虫、棉铃虫、小菜蛾、斜纹夜蛾、甜菜夜蛾、蓟马等害虫。	
9～10 月	清洁田园，对多种病菌和害虫的越冬场所，因此要彻底清除，集中烧毁或深埋。	
11～12 月	随着气温的下降、通风时间减少，棚内湿度大，黄瓜霜霉病、疫病、灰霉病、细菌性角斑病；番茄晚疫病、灰霉病、叶霉病；辣椒疫病、灰霉病、叶斑病等病害会发生。要采取综合措施，在浇水上要选寒流过后晴天浇小水。	

案例 2：北京地区果树无公害生产病虫害周年防治历（参考）。

表 3-7

防治时期	防治措施	注意事项（补充）
11～2 月 休眠期	（1）清洁果园。果园枯枝落叶、荒草及病虫落果等，都是多种病菌和害虫的越冬场所，因此要彻底清除，集中烧毁或深埋。这样可减轻早期落叶病、炭疽病、金纹细蛾、桃小食心虫等的发生。（2）土壤耕翻。可将土壤中害虫的巢穴破坏，有的如桃小食心虫幼虫、舟形毛虫的蛹等被翻到地表冻干死或被鸟类及其天敌食掉。土壤耕作还可将大量的土表病菌和害虫翻到土层深处，减少第 2 年的初次侵染来源。（3）清理树体。深冬或早春刮除枝干粗皮、翘皮和病皮并集中烧毁，对消灭在缝皮中越冬的红蜘蛛、卷叶虫等害虫及腐烂病、干腐病、轮纹病等枝干病害，都有良好的防治效果。（4）绑设草把。当年越冬虫口密度大的，利用害虫对越冬场所的选择性，在树干主枝绑设草把，诱集越冬幼虫集中消灭。（5）剪除病虫、剪枝结合果树冬季修剪，将病虫枝全部剪除，集中烧毁。（6）树干涂白。果树涂白不仅能够防止日光直射树体，避免树体昼夜温差悬殊过大而防寒，而且对防治病虫害有一定效果。	（1）掌握植保器械的使用及简单维修技术。（2）学会开拖拉机。（3）果园冬季病虫害调查及预测预报。
3 月 （萌芽前）	喷 3～5 倍石硫合剂。喷施时要求树上地面都要喷，这样不但可以保护伤口和枝干，而且还能消灭在枝干和土壤中越冬的部分病虫。	（1）学会熬制石硫合剂。 （2）掌握喷药技术。

续表

防治时期	防治措施	注意事项（补充）
4～6月	（1）人工摘除病虫梢、病梢、病花丛，深埋或烧毁；（2）80%喷克 800 倍液、30%复方多菌灵 500 倍液；（3）防治蚜虫、介壳虫、梨木虱等春季害虫。	（1）盛花前后不要喷药。（2）坐果 40 天之内不要施用波尔多液，以防发生果锈。（3）掌握病虫害标本采集制作技术。
7～8月	果树叶幕层已经形成，高温高湿的气候条件有利于密闭果园滋生病虫，这一时期危害果树的病虫主要有：早期落叶病、轮纹病、炭疽病、苹果树腐烂病、桃小食心虫、山楂叶螨、金纹细蛾、介壳虫、梨黑星病、梨木虱、梨黄粉蚜等，须加强防治，保护好叶片和果实。灯诱、性诱、糖醋诱等。	（1）雨季喷药可加入展着剂。（2）果实生长后期不要喷波尔多液以免污染果面。（3）继续进行病虫害标本采集制作。
9～10月	清理果园。杂草、枯枝、落叶、残果等处是各种病菌及害虫聚集越冬的场所。因此，果树落叶后，要进行一次彻底清理。将其深埋或烧毁，以减少翌年的病虫基数。	—

案例 3：北京地区冬小麦病虫害全年防治历。

表 3-8

生长时期		主要病虫害	防治方法及药剂	管理要点
9月	播前准备	地下害虫：蝼蛄、蛴螬、金针虫等。	乐斯本或毒死蜱对细土 25～30 千克制成毒土。	（1）精细整地。（2）合理施肥。（3）种子丰产抗病品种。
10月	播种期	种传病害：黑穗病、黑胚病等。	种子处理：40%多菌灵悬浮剂 10～15 毫升（全蚀病重的地块可用三唑酮 0.01%～0.03%或速保利 0.025%或烯唑醇 0.03%～0.05%等药进行拌种），加乐斯本牌 480 克/升、毒死蜱 10 毫升或 50%辛硫磷乳油 20 毫升对水 2~3 千克，拌麦种 10 千克，拌匀后堆闷 2~3 小时。可加上 10%吡虫啉 15 克拌种，才控制苗期蚜虫。	（1）适时适量播种：提倡机械精量播种，做到合理密植，提高播种质量，避免缺苗断垄。（2）查苗补种：发现缺苗断垄，及时补种。
		土传病害：纹枯病、全蚀病、根腐病、胞囊线虫病等。		
		苗期病虫害：锈病、白粉病、病毒病、蚜虫等。		
11月下旬～12月上旬	分蘖期	锈病、白粉病、纹枯病	15%三唑酮可湿性粉剂 50 克、20%粉锈宁乳油 120～200 毫升，各对水 30 千克喷雾，均能兼防这几种病害。	（1）促根增蘖，培育壮苗。适量追肥、灌水，促进晚播弱苗转壮。根据具体情况浇好越冬水。（2）利用地下害虫成虫阶段的趋光性诱杀成虫，减少当年危害和发生密度。
		地下害虫：蛴螬、金针虫	如前期未进行土壤处理和种子处理，应及时进行苗期害虫防治。开沟施或顺垄施，覆土。	
		蚜虫	10%吡虫啉 1500~2000 倍液或 2.5%功夫 1000～1500 倍液喷雾。	
12月下旬～翌年2月下旬	越冬期	红蜘蛛（此期病虫草害一般停止为害，暖冬年份发生）	1.8%阿维菌素乳油 8～10 毫升，或 1.8%虫螨克乳油 8～10 毫升对水 40～50 千克喷雾（每亩）、有机硅·阿维 5000 倍液。	保苗安全越冬。适时中耕，镇压保墒，浇封冻水。

续表

生长时期		主要病虫害	防治方法及药剂	管理要点
翌年2月下旬～3月下旬	返青拔节期	纹枯病	用5%井冈霉素水剂或三唑酮或33%纹霉净WP喷雾于茎基部。	化控（拔节前后用150~200克矮壮素，或用300毫克多效唑），追施拔节肥，灌拔节水，控蘖壮秆，防病防倒。
		红蜘蛛	1.8%阿维菌素乳油或1.8%虫螨克乳油或有机硅·阿维喷雾。	
4月	孕穗至抽穗扬花期	锈病、白粉病	当大田病叶率1%~5%时，15%三唑酮WP60~80克叶面喷雾。	加强肥水管理，建立合理群体结构，促花增粒。（1）根据墒情、苗情和天气情况浇孕穗水。（2）追肥：缺肥麦田适当补施孕穗肥。
		赤霉病、黑胚病	小麦扬花率10%左右时，75%多菌灵WP 100克兑水60千克喷雾。	
		麦蚜	10%吡虫啉1500~2000倍。	
		吸浆虫	10%吡虫啉1500~2000倍。	
5月	灌浆期	白粉病、锈病、叶枯病	15%三唑酮WP60~80克叶面喷雾。	追肥、浇水、叶面喷肥，防病延衰，增加粒重。（1）补施氮肥。（2）适时较好灌浆水。（3）叶面喷肥。
		穗蚜	吡虫啉、啶虫脒兑水喷雾。	
		麦叶蜂、黏虫	除虫脲1号或除虫脲3号喷雾。	
5月下旬～6月	成熟收获	—	温馨提示：麦蚜发生时一般温度较低，啶虫脒类效果差，宜选用加入低温增效剂的产品，如10%吡虫啉，效果显著。	适时收割。

思考题

1. 《产地检疫合格证》与《植物检疫证书》是一回事吗？
2. 植物检疫常用检验方法有哪些？
3. 检疫对象的概念及检疫对象的确定原则？
4. 昆虫天敌与天敌昆虫的区别？
5. 可以引起昆虫致病的病原微生物有哪些？哪种在生产中应用最好？
6. 天敌昆虫的利用方式有哪几种？
7. 捕食性天敌昆虫有哪些？
8. 国内寄生性天敌昆虫有哪些应用较好？
9. 生物防治有哪些优缺点？
10. 物理机械防治法有哪些措施？
11. 物理机械防治诱杀法有哪些？
12. 蓟马可以用什么诱杀？
13. 糖醋液的成分和比例怎么配制？
14. 树干涂白有什么作用？涂白剂配方一般有哪些成分？
15. 化学防治有哪些优缺点？

实训任务一　制定病虫害综合防治方案

【任务描述】

子任务 1：作为一名苹果观光园的植保技术员，园区领导要求你根据园区的实际情况，制定一份苹果病虫害综合防治方案。

子任务 2：作为一名生产示范园的植保技术园，园区内甘薯茎线虫病发生非常严重，领导要求你根据园区的实际情况，实施你或别的技术员制定的《甘薯茎线虫病综合防治方案》。

子任务 3：如是你应聘成了某个村子的植保员，本村主要种植温室蔬菜和大田作物，大田作物种类为小麦、玉米，温室蔬菜主要是黄瓜、番茄、辣椒、豆角等，请你根据本村实际情况，制定这几种作物病虫害综合防治方案。

【任务要求】

通过本工作任务的学习，借助简单的仪器设备，查阅相关的文献资料，并进行现场调查与实践，能够单独制定某种作物某种病虫害或某一种作物的所有病虫的综合防治计划。

【任务实施】

（1）资讯（获取任务）：

即明确你要制定什么病虫害综合防治方案。

（2）决策（分析任务）：

分析你要制订计划中涉及哪种作物、哪种病虫害、发生与防治现状；

可以通过资料、现场调查、走访、电话咨询、聊天、邮件等手段进行；

注意保留病虫害或危害症状的标本或图片。

（3）实施（完成任务）：

防治方案的制订过程，可以借助工具书、网上查询、图书、视频等多种手段。

（4）评价（在这里指请专家就你的防治方案计划书提供意见和建议）：

参考方案：

子任务 1：可以参考阅读材料里的苹果病虫害综合防治方案

子任务 2：可以参考阅读材料里的甘薯茎线虫病综合防治方案。

子任务 3：可以参考阅读材料里的小麦、玉米，温室蔬菜病虫综合防治方案。

实训任务二　病虫害综合防治方案实施

【任务描述】

子任务 1：作为一名苹果观光园的植保技术员，园区领导要求你根据园区的实际情况，实施你或别的技术员制定的《苹果病虫害综合防治方案》。

子任务 2：作为一名生产示范园的植保技术园，园区内甘薯茎线虫病发生非常严重，领导要求你根据园区的实际情况，实施你或别的技术员制定的《甘薯茎线虫病综合防治方案》。

【任务要求】

通过本工作任务的学习，掌握病虫害综合防治方案的实施过程；重点注意检疫病虫害处理、掌握清园、栽培管理等农业防治技术；掌握天敌释放与引进、诱芯使用等生物防治技术；掌握色板悬挂、诱虫灯开启、糖醋液配制并悬挂、防虫网等技术；掌握农药的配置技术、施用技术，常用植保器械使用技术；能够对综合防治方案的实施过程进行评价。

【任务实施】

1. 资讯（获取任务）

即明确你要实施什么病虫害综合防治方案。

2. 决策（分析任务）

（1）分析你要制订计划中涉及哪种作物、哪种病虫害、发生与防治现状；

（2）根据天气情况、现场调查、走访等决定方案实施时间和方式。

3. 实施（完成任务）

（1）提前准备相关材料工具：

材料：农药的选择和购买；诱虫灯检查；诱芯购买；糖醋液原料购买；色板购买、天敌的购买或采集等。

工具设备：量筒、天平、手套、口罩、工作服；

原有用植保器械检查与维修。

（2）方案的实施：

植物检疫：调运的种子、苗木要注意检疫病虫害，发现报告；

农业防治：清园、加强栽培管理等；

生物防治：天敌释放与引进、诱芯使用等；

物理机械防治：悬挂色板、开启诱虫灯、配制并悬挂糖醋液等、防虫网使用等。

化学防治：打药、放置毒饵等；实施过程充分考虑人畜安全温室内实施如有授粉昆虫要提前准备撤出；打完药要注意悬挂施药标志；剩余农药处理等。

4. 检查（防治效果调查）

第四章　农药（械）使用常识

【知识目标】

1. 了解常用农药的剂型。
2. 了解常用农药的稀释和施用方法。
3. 掌握农药器械种类及使用方法。

【技能目标】

1. 了解种公畜和繁殖母畜生殖器官的基本构造和功能。
2. 掌握动物繁殖的基本规律。

能够按要求进行农药的配制。

能够按要求施用农药。

能够使用常用的植保器械，如背负式喷雾器、熟悉背负式机动喷雾喷粉机或车载的喷药设备等。

施药中出现农药中毒现象能简单施救并送医院。

第一节　农药使用的基本常识

一、农药的分类

1. 按原料的来源及成分分类

（1）无机农药：主要有天然矿物原料加工、配制而成的农药，故又称矿物性农药。其有效成分是无机化合物质。无机杀虫剂包括砷酸钙、砷酸铝、亚砷酸和氟化钠等，由于其残留毒性高，防效较低，目前已较少使用。无机杀菌剂包括石灰、硫黄、硫酸铜等。无机杀鼠剂有磷化锌等。

（2）有机农药：主要有碳氢元素构成的一类农药，且大多可用有机化学合成方法制得。目前所用的农药绝大多数属于这一类。通常又据其来源和性质分成植物性农药、矿物油农药（石油乳剂）、微生物农药（农用抗生素）及人工化学合成的有机农药。有机杀虫剂按其来源又分为天然有机杀虫剂和人工合成有机杀虫剂。天然有机杀虫剂包括植物性（鱼藤、除虫菊、烟草等）和矿物性（如矿物油等）两类，目前开发的品种较少。人工合成有机杀虫剂种类繁多，按其化学成分又可以分为有机氯类杀虫剂、有机磷类杀虫剂、氨基甲酸酯类杀虫剂、拟除虫菊酯类杀虫剂、沙蚕毒素类杀虫剂和有机氮类杀虫剂等。有机杀菌剂包括有机硫杀菌剂、有机砷杀菌剂、有机磷杀菌剂、有机杂环类杀菌剂、抗生素类杀菌剂等。有机除草剂包括苯氧羧酸类等。

2. 按用途（防治对象）分类

按用途分类是农药最基本的分类，常用的有下列几类：

（1）杀虫剂：对昆虫机体有直接毒杀作用，通过其他途径可控制其种群形成或可减轻、消除害虫危害程度的药剂。

（2）杀螨剂：用于防除植食性有害螨类的药剂。

（3）杀菌剂：通过对病原菌起到杀死、抑制或中和其有毒代谢物，因而可使植物及其产品免受病原菌危害或可消除病症、病状的药剂。包括杀真菌剂、杀细菌剂、杀病毒剂和杀线虫剂。

（4）除草剂：是用来毒杀和消灭农田杂草和非耕地里绿色植物的一类药剂。主要通过抑制杂草的光合作用、破坏植物呼吸作用、抑制生物合成作用、干扰植物激素平衡以及抑制微管和组织发育等发挥作用。

（5）杀鼠剂：是用于防治有害啮齿动物的药剂。

3. 按作用方式分类

按农药对防治对象的作用方式，常用的分类如下：

（1）杀虫剂和杀螨剂：

① 胃毒剂：具有胃毒作用的药剂。当害虫取食这类药剂后，随同食物进入害虫消化器官，被肠壁细胞吸收后进入虫体内引起中毒死亡。

② 触杀剂：具有触杀作用的药剂。这类药剂与虫体接触后，通过穿透作用经体壁进入体内或封闭昆虫的气门，使昆虫中毒或窒息死亡。

③ 熏蒸剂：具有熏蒸作用的药剂。这类药剂由液体或固体气化为气体，以气体状态通过害虫呼吸系统进入虫体，使之中毒死亡。

④ 内吸剂：具内吸作用的药剂。这类药剂施到植物上或施于土壤里，可被植物枝叶或根部吸收，传导致植株的各部分，害虫（主要是刺吸式口器害虫）取食后引起中毒死亡。

另外还有引诱剂、生长调节剂、拒食剂、不育剂、忌避剂等。但应当指出，一种农药常具有多种作用方式，如大多数合成有机杀虫剂均兼具有触杀和胃毒作用，有些还具有内吸或熏蒸作用，如久效磷和敌敌畏，它们通常以某种作用为主，兼具其他作用。但也有不少是专一作用的杀虫剂，尤其是非杀死性的软农药，如忌避剂、拒食剂、引诱剂、不育剂等。

（2）杀菌剂：

① 保护性杀菌剂：在病害流行前（即当病原菌接触寄主或侵入寄主之前）使用于植物体可能受害的部位，以保护植物不受侵染的药剂。如铜制剂、硫黄、石硫合剂等。

② 治疗性杀菌剂：在植物感病后，能直接杀死病原菌，或者通过内渗作用渗透到植物组织内部而杀死病原菌，或者通过内吸作用直接进入植物体内并随着植物体液运输传导而起到治疗作用的药剂。

③ 铲除性杀菌剂：对病原菌具有直接强烈杀伤作用的药剂。这类药剂常为植物生长期不能忍受，故一般只用于播前土壤处理、植物休眠期或种苗处理。

（3）除草剂：

① 输导型除草剂：施用后通过内吸作用传至杂草的敏感部位或整个植株，使之中毒死亡的药剂。

② 触杀型除草剂：只能杀死所接触到的植物组织，而不能在植株体内传导移动的药剂。

（4）杀鼠剂：按其作用速度又可以分为急性杀鼠剂和慢性杀鼠剂两大类。

① 急性杀鼠剂：毒杀作用快，潜伏期短，仅1～2天，甚至几小时内，即可引起中毒死亡。这类杀鼠剂大面积使用，害鼠一次取食即可致死，毒饵用量少，容易显效。但此类药剂对人、畜毒性大，使用不安全，而且容易出现害鼠拒食现象。如磷化锌、毒鼠磷和灭鼠优等。

② 慢性杀鼠剂：主要是抗凝血杀鼠剂，其毒性作用慢，潜伏期长，一般 2～3天后才引起中毒。这类药剂适口性好，能让害鼠反复取食，可以充分发挥药效。同时由于作用慢，症状轻，不会引起鼠类警觉拒食，灭效高。

二、农药的剂型

工厂生产出来未经加工的工业品称为原药（原粉或原油）。因大多数原药不能直接溶于水，在单位面积上使用的量又很少，所以，原药必须加入一定量的助剂（如填充剂、湿润剂、溶剂、乳化剂等），加工成含有一定有效成分、一定规格的剂型。农药剂型很多，主要有以下种类：

（1）粉剂（D）：是由原粉与填充剂（如高岭土、瓷土、陶土等惰性粉）按一定比例混合，经机械粉碎至一定细度而制成的。粉剂具有使用方便，药粒细、较能均匀分布，撒布效率高、节省劳动力，加工费用低等优点，特别适用于供水困难地区和防治暴发性病虫害。但粉剂用量大，有效成分分布的均匀性和药效的发挥不如液态制剂，而且飘移污染严重。因此，目前这类剂型制剂的使用已受到很大限制。

（2）可湿性粉剂（WP）：是由原粉加填充剂和湿润剂按一定比例混合，经机械粉碎至很细而制成的。可湿性粉剂兑水后能被湿润，成为悬浮液，主要供喷雾使用。由于它是干制剂，包装价廉，便于贮运，生产过程中粉尘较少，又可以进行低容量喷雾。

（3）乳油（EC）：是由原药与乳化剂按一定比例溶解在有机溶剂（甲苯、二甲苯等）中而制成的透明油状液体。乳油加水稀释后成为均匀一致、稳定的乳状液，喷洒在植物和虫体上，具有很好的湿润展布和黏着性，适用于喷雾、泼浇、涂茎、拌种、撒毒土等。

另外，还有颗粒剂、可溶性粉剂、悬浮剂、缓释剂、超低量喷雾剂、种衣剂、烟剂等剂型。

三、农药的使用方法

利用农药防治有害生物主要是通过茎叶处理、种子处理和土壤处理保护植物并使有害生物接触农药而中毒。为把农药施用到植物上或目标场所，所采用的各种施药技术措施称为施药方法。施药方法种类很多，按农药的剂型和处理方式可以分为喷雾法、喷粉法、撒施或泼浇法、拌种和浸种法、种苗浸渍法、毒饵法和熏蒸法等主要类型。

（1）喷雾法：是将液态农药用机械喷撒成雾状分散体系的施药方法。乳油、可湿性粉剂、可溶性粉剂、悬浮剂以及水剂等加水稀释后，或超低量喷雾剂均可用喷雾法施药。农药的雾化主要采用压力喷雾、迷雾和旋转离心雾化法。

（2）喷粉法：是利用鼓风机械所产生的气流把农药粉剂吹散后沉积到植物上或土壤表面的施药方法。喷粉防治效果受施药器械、环境因素和粉剂质量影响较大。

（3）撒施或泼浇法：是指将农药拌成毒土撒施或兑水泼浇的人工施药方法，一般是利用具有一定内吸渗透性或熏蒸性的药剂防治在浓密植物层下部栖息危害的有害生物。

（4）拌种和种苗浸渍法：是处理种子的施药方法。通常用铅剂、种衣剂或毒土拌种，或用可用水稀释的药剂兑水浸种，可以防治种子携带的有害生物、地下害虫、土传病害、害鼠等苗期病虫害。

（5）毒饵法：是用有害动物喜食的食物为饵料，加入适口性较好的农药配制成毒饵，让有害动物取食中毒的防治方法。

（6）熏蒸法：是利用药剂熏蒸防治有害生物的方法。主要是利用具有熏蒸作用的农药，如烟雾剂防治仓库、温室大棚、森林、茂密植物层或密闭容器里的有害生物。

此外，农药的施用还有不少根据药剂特性和有害生物习性设计的针对性施药方法。

四、农药毒力与毒性、中毒与急救

（一）农药的毒力与毒性

（1）农药的毒性：农药的毒性是指农药对人、畜等产生毒害的性能。

（2）毒性的分类：

① 急性毒性：一些毒性较大的农药如经误食或皮肤接触及呼吸道进入体内，在短期内可出现不同程度的中毒症状，如头昏、恶心、呕吐、抽搐痉挛、呼吸困难、大小便失禁等。若不及时抢救，即有生命危险。

② 亚急性毒性：亚急性中毒者多有长期连续接触一定剂量农药的过程。中毒症状的表现往往需要一定的时间，但最后表现往往与急性中毒类似，有时也可引起局部病理变化。

③ 慢性毒性：有的农药虽然急性毒性不高，但性质较稳定，使用后不易分解消失，污染了环境及食物。少量长期被人、畜摄食后，在体内积累，引起内脏机能受损，阻碍正常生理代谢过程。

（3）急性毒性的分级标准：衡量农药急性毒性的高低，通常用大白鼠1次受药的致死中量即半数致死量（LD50）作标准。致死中量是指杀死试验生物一半（50%）时，每千克供试生物体重所需药物的毫克数。写作毫克/千克。依据LD50分为高毒、中等毒、低毒性3种。致死中量与毒性成反比。

（4）农药的毒力：是指药剂本身对有害生物的毒害程度。多在室内人为控制条件下精密测定。室内毒力试验的结果可作为农药初步筛选和田间药效试验的依据。

（二）农药的中毒与急救

在接触农药过程中，如果农药进入人体的量超过了正常人的最大耐受量，使人的正常生理功能受到影响，出现生理失调、病理改变等一系列中毒临床表现，就是农药中毒现象。

（1）农药中毒的途径：

① 经皮吸收。通过皮肤接触农药而中毒，是最常见、最重要的中毒途径。

② 经呼吸道吸入农药而引起中毒，也是最快、最常见的中毒途径。

③ 经口（消化道）摄入。症状严重，常见于误食、或者服毒自杀者。

④ 直接使用了有毒的食品。农药残留可以引起中毒。

⑤ 高温状态下，下田间喷洒农药，也极容易引起中毒。

（2）农药中毒后的救治措施：

① 经皮引起中毒者，应立即脱去被污染的衣裤，迅速用温水冲洗干净，或用肥皂水冲洗（敌百虫除外），或用 4%碳酸氢钠溶液冲洗被污染的皮肤；若药液溅入眼内，立即用生理盐水冲洗20次以上，然后滴入2%可的松和0.25%氯霉素眼药水，疼痛加剧者，可滴入1%～2%普鲁卡因溶液，严重立即送医院治疗。

② 吸入引起中毒者，立即将中毒者带离施药现场，移至空气新鲜的地方，并解开衣领、腰带，保护呼吸畅通，除去假牙，注意保暖，严重者立即送医院治疗。

③ 经口引起中毒者，在昏迷不清醒时不得引吐，如神志清醒者，应及早引吐、洗胃、导泄或对症使用解毒剂。如：a.胆碱酯酶复能剂对肌肉震颤、抽搐、呼吸麻痹有强有力的控制作用。但对西维因农药中毒应禁止使用。b.硫酸阿托品：用于急性有机磷农药中毒和氨基甲酸酯类农药中毒的解毒药物。c.巯基类络合剂：这类药物对砷制剂、有机氯制剂中毒的解毒有效，也可用于有机锡、溴甲烷等农药中毒的解毒。d.乙酰胺：它可使有机氟农药中毒后的潜伏期延长，症状减轻或制止发病。

（3）几种常用农药中毒的急救措施：有机磷农药属有机磷酸酯或硫化磷酸酯类化合物，多呈黄色或棕色油状脂溶性液体，少数为结晶固体，易挥发，遇碱易分解，有蒜臭。目前使用的种类很多，如：甲拌磷、内吸磷（1059、E1059）、对硫磷（1605、E605）、敌敌畏、乐果、敌百虫等，有机磷农药对人、畜均有毒性，可经皮肤、黏膜、呼吸道、消化道侵入人体，引起中毒。

症状为：胸有压迫感、鼻黏膜充血，呼吸困难，发绀，呼吸肌无力，胸有啰音。恶心、呕吐、流延、腹胀、腹痛。头晕、肌肉痉挛、抽搐、烦躁。心跳迟缓，血压下降，红斑等。

① 敌百虫中毒：可用清水清洗，防止残余毒物继续被吸收，口服中毒时应立即洗胃，而且要求尽早、反复多次、务求彻底。敌百虫中毒忌用碳酸氢钠洗胃，因敌百虫遇碱性溶液可迅速转化为毒性更强的敌敌畏，故选用温水洗胃。洗胃后灌入50%硫酸镁或硫酸钠40～50毫升导泻。

② 氨基甲酸酯中毒：氨基甲酸酯类农药主要有呋喃丹、西维因、速灭威和害朴威等，是新的农业休养虫药。首选用阿托品冲击量，以后要减量。可用复方丹参治疗，肟类化合物可加重病情，需注意。

五、农药的产品质量及安全科学使用

假农药的概念：《农药管理条例》第六章明确规定："禁止生产、经营和使用假农药"有下列情形之一的为假农药：①以非农药冒充农药或者以此种农药冒充他种农药的；②所含有效成分的种类、名称与产品标签或者说明书上注明的农药有效成分的种类、名称不符的；③假冒、伪劣、转让农药登记证或农药标签；④国家正式公布禁止生产或因不能作为农药使用而撤销登记的农药。

《农药管理条例》同时明确规定："禁止生产、经营和使用劣质农药"。有下列情况之一的为劣质农药：①不符合农药产品质量标准的；②已超过质量保证期并失去使用效能的；③混有导致药害等有害成分的。④包装或标签严重缺损的。

（一）假冒农药识别方法如下

自《中华人民共和国农药管理条例》和《中华人民共和国农药管理条例实施办法》实施以来，农药市场秩序已取得根本性的好转，假劣农药产品明显减少，但在选购农药时，一般应注意以下几方面：

1. 根据产品的外观性状识别

（1）产品标签：一个合格的农药标签必须包括以下九方面的内容。

① 农药名称：包括有效成分的中文通用名（凡是不能肯定产品中所含农药成分名称的产品不要轻易购买），百分含量和剂型，进口农药要有商品名。

② "三证"：即农药登记证号、生产许可证号或生产批准证书号（进口农药按规定只有登记号而不需生产许可证号）、产品标准号。

③ 净重（克或千克）或净容量（毫升或升）。

④ 生产厂名、地址、电话和邮编等。

⑤ 农药类别：按用途分为杀虫剂、杀螨剂、杀菌剂、除草剂等，在标签的下方，一条与底边平行的不褪色的特征颜色标志带，表示不同农药类别（公共卫生用农药除外）：如除草剂为“绿色”，杀虫（螨、软体动物）剂为“红色”等等。

⑥ 使用说明书：a.产品特点、登记作物及防治对象，施用日期、用药量和施用方法；b.限用范围；c.与其他农药或物质混用禁忌。

⑦ 毒性标志及注意事项：a.毒性标志；b.中毒主要症状和急救措施；c.安全警句；d.安全间隔期（即最后一次施药至收获前的时间）；e.储存的特殊要求。

⑧ 生产日期和批号：“生产批号”是指农药生产的年、月、日和当日的批次号，由生产日期即可计算该农药是否在有效期之内。

⑨ 质量保证期：有效期限是农药从生产分装时开始计算有效期的最长年限，超过有效期限，药效就达不到原来的质量标准。

国家农药登记管理部门对农药产品标签内容有明确规定，商标有两部分：一为“注册商标”，二是“商标图案”，二者缺一不可。进口农药标签上的“注册商标”通常用符号“R”代替，而假冒农药一般无注册商标或商标图案（图 4-1）。

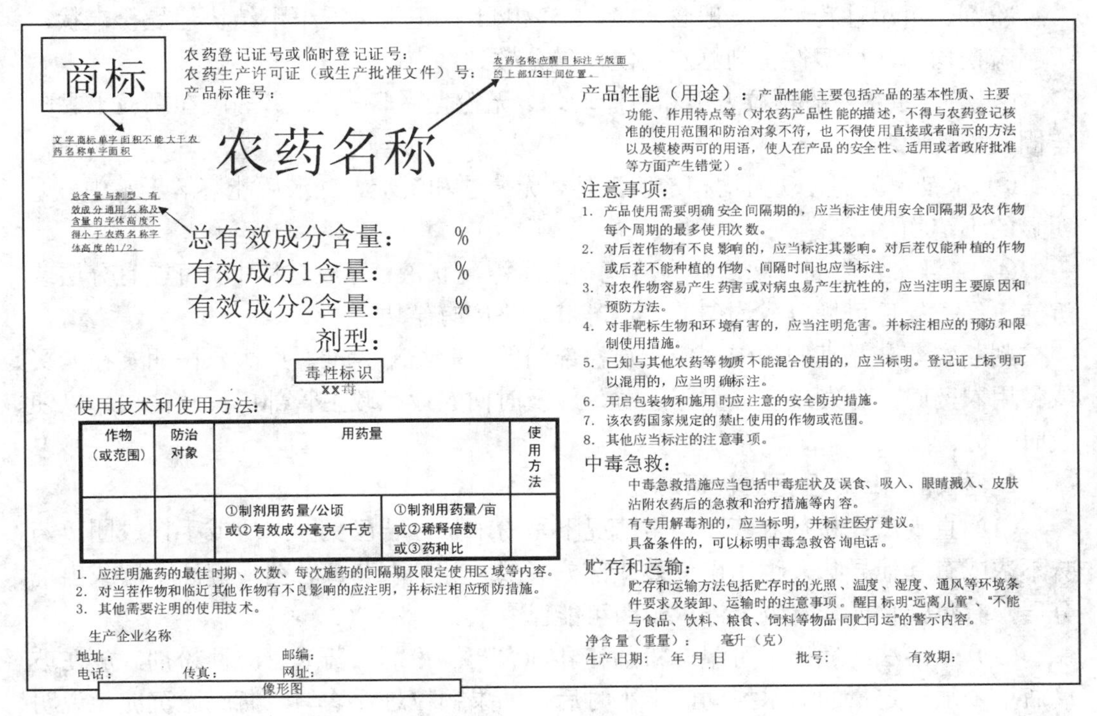
商标

文字商标单字面积不能大于农药名称单字面积

农药登记证号或临时登记证号：
农药生产许可证（或生产批准文件）号：
产品标准号：

农药名称应醒目标注于版面的上部1/3中间位置。

农药名称

总含量与剂型、有效成分通用名称及含量的字体高度不得小于农药名称字体高度的1/2。

总有效成分含量：　%
有效成分1含量：　%
有效成分2含量：　%
剂型：

毒性标识
XX毒

使用技术和使用方法：

作物（或范围）	防治对象	用药量		使用方法
		①制剂用药量/公顷或②有效成分毫克/千克	①制剂用药量/亩或②稀释倍数或③药种比	

1. 应注明施药的最佳时期、次数、每次施药的间隔期及限定使用区域等内容。
2. 对当茬作物和临近其他作物有不良影响的应注明，并标注相应预防措施。
3. 其他需要注明的使用技术。

生产企业名称
地址：　邮编：
电话：　传真：　网址：

像形图

产品性能（用途）：产品性能主要包括产品的基本性质、主要功能、作用特点等（对农药产品性能的描述，不得与农药登记核准的使用范围和防治对象不符，也不得使用直接或者暗示的方法以及模棱两可的用语，使人在产品的安全性、适用或者政府批准等方面产生错觉）。

注意事项：
1. 产品使用需要明确安全间隔期的，应当标注使用安全间隔期及农作物每个周期的最多使用次数。
2. 对后茬作物有不良影响的，应当标注其影响。对后茬仅能种植的作物或后茬不能种植的作物、间隔时间也应当标注。
3. 对农作物容易产生药害或对病虫易产生抗性的，应当注明主要原因和预防方法。
4. 对非靶标生物和环境有害的，应当注明危害。并标注相应的预防和限制使用措施。
5. 已知与其他农药等物质不能混合使用的，应当标明。登记证上标明可以混用的，应当明确标注。
6. 开启包装物和施用时应注意的安全防护措施。
7. 该农药国家规定的禁止使用的作物或范围。
8. 其他应当标注的注意事项。

中毒急救：
中毒急救措施应当包括中毒症状及误食、吸入、眼睛溅入、皮肤沾附农药后的急救和治疗措施等内容。
有专用解毒剂的，应当标明，并标注医疗建议。
具备条件的，可以标明中毒急救咨询电话。

贮存和运输：
贮存和运输方法包括贮存时的光照、温度、湿度、通风等环境条件要求及装卸、运输时的注意事项。醒目标明“远离儿童”、“不能与食品、饮料、粮食、饲料等物品同贮同运”的警示内容。

净含量（重量）：　毫升（克）
生产日期：　年　月　日　批号：　有效期：

图 4-1　两栏式农药标签样张

（2）产品包装：农药产品标准中除对产品的技术指标、检验方法进行规定外，还对产品的标志、包装等提出了具体要求，国家对各种农药的包装及标志都做了规定：根据国家标准，GB3796-1983《农药包装通则》规定。

① 农药的外包装箱，应采用带防潮层的瓦楞纸板，应保证产品储存、运输中不破损。

② 农药的外包装材料，应坚固耐用，保证内部物质不受破坏。

③ 农药的内包装材料，应坚固耐用，不与农药发生化学反应，不溶胀，不渗漏，不影响产品的质量。

（3）标志识别：

① 标志方法：直接印刷、标订；

② 标志部位：农药包装容器如果是箱、袋或小包，标志部位在其正面或侧面；如果是金属桶或瓶，则在其圆形面上；

③ 标志内容：农药外包装窗口中，必须有合格证、说明书。农药制剂内包装上，必须牢固粘贴标签，或者直接印刷、标示在包装上。

（4）产品外观：不同剂型的农药产品都有一定的外观特征，其质量的优劣可从以下特征进行初步判断。

① 乳油：药剂均相为透明液体，无分层或沉淀，兑水稍加搅拌后能形成均匀的乳白色药液。

粉剂、可湿性粉剂：一般含水量在 5%以下，正常情况下不结块，呈粉末状，手感疏松均匀，可湿性粉剂兑水后能均匀分散到水中。

② 颗粒剂：一般颗粒大小和色泽均匀、无粉尘、干燥松散，药膜在颗粒上黏附牢固、不易脱和脱色。

③ 水剂：药剂外观为均相透明液体，无分层和沉淀，兑水后能溶解于水中，无明显的不溶物。

④ 悬浮剂：药剂外观一般为可流动的悬浮乳状液，存放过程中，可能有分层或沉淀，经振摇后可恢复成均匀的悬浮乳液，不应有结块。

判断农药产品真假的依据应以质检部门的检验结果为准。广大农民朋友在购买或使用农药时，如发现有质量问题时，应及时向农业行政主管部门反映情况，以便及时查处。

2. 根据产品的理化性状识别

（1）直观法：粉剂农药，正常情况下呈粉末状，若已受潮结块或手捏成团，药味不浓或有其他异味，说明已失效或部分失效。乳剂农药，若药液混浊不清或出现分层，有沉淀物或絮状物悬浮，说明可能已失效。

（2）水溶法：适用于可湿性粉剂和乳剂农药。粉剂农药或可湿性粉剂，放在玻璃瓶里，加一定量的清水搅动，半小时后，如果颗粒悬浮均匀，瓶底无沉淀，说明此药没有失效，不是假药，加水稀释后如有分层、沉淀或悬浮物，可以判定该农药为伪劣农药；乳油农药一般是浅黄色或棕色透明液体，取少许放入有水容器中搅拌，若立刻变为均匀乳白色液体，属真农药，若出现油水分离现象或溶解程度差则是假农药。

（3）热溶法：适用于有沉淀的乳剂农药。可将药剂放在 35～40℃温水里浸泡 1 小时，如瓶底沉淀物溶解，证明此药可以使用；也可将瓶底的沉淀物滤出，放在碗里加适量的水，如沉淀物溶解，说明此药没有失效；若沉淀物少部分没有溶解，证明此药快要失效。

（4）摇荡法：用肉眼观察乳剂农药，如发现有分层现象，可将瓶子上下摇荡，待 1 小时后，如不再有分层现象，说明此农药有效，如仍出现分层，则说明农药已失效；

（5）烧灼法：对于粉剂，取少许放在金属片上置于火上烧烤，若冒出大量白烟，并有浓烈刺鼻气味，说明药剂良好，否则，说明已失效。

（6）悬乳法：对于可湿性粉剂，取 50 克倒入瓶中，加适量清水搅拌均匀后静置，没有变质的农药，悬乳性好，沉淀慢而少，已变质或假农药悬乳性差，沉淀快而多。

（7）漂浮法：对于可湿性粉剂，取 1 克轻轻地、均匀地撒在水面上，在 1 分钟内湿润并能沉入水中的是未失效农药，若长时间地漂浮在水面、不湿润，说明失效。

因为农药本身是各种化学结构十分复杂的化合物。真正要知道这是什么农药?是不是你要购买的那种农药?它的有效成分含量是多少?就必须用化学分析方法或用先进的气相色谱仪和液相色谱仪等仪器来测定。一般大专院校、农业科学研究院、所等都可进行测定。

（二）农药安全使用及防护

安全使用农药，是农药使用中的一个非常重要的环节。

（1）严格遵守农药使用准则。

（2）切实禁止和限制使用高毒和高残留农药，选用安全、高效、低毒的化学农药和生物农药。

（3）农药的科学安全使用：

① 购置农药时，应仔细看清标签，不购买标签不清或包装破损的农药，不购买“无三证”的农药。购回的农药要单独存放，不能与粮食、食油、饲料、种子等存放在一起，要放在儿童不能摸到的地方，农药使用前要认真阅读标签和说明，按要求使用农药。

② 必须选工作认真，经过技术培训，掌握安全用药知识和具备自我防护技能，身体健康的成年人施药。

③ 正确配药和施用：开启农药包装、配制农药时要戴必要的防护用品，用适当的器械，不能用手取药或搅拌，要远离儿童或家禽、家畜。加药液时，不应将药液加出箱外或溢出，以免人体污染、中毒。喷药人员应穿戴防护服，工作时应注意外界风向，操作人员应在上风方向，每天施药后，要用肥皂及时洗手、脸并换衣服。皮肤沾染农药后，要立刻冲洗沾染农药的皮肤，眼睛里溅入农药要立即用清水冲洗 5 分钟。每次喷药后要清洗施药器械，施过药的园田要设立标志。

（4）农药的合理应用：科学合理的使用农药是植物化学保护成功的关键。

① 药剂种类的选择：各种农药的防治对象均具有一定的范围，且常表现出对种的毒力差异，甚至同种农药对不同地区和环境里的同一种有害生物也会表现出不同的防治效果，因此，必须根据有关资料和当地的田间药效试验结果来选择有效的防治药剂品种。

② 剂型的选择：农药不同的剂型均具有其最优使用场合，根据具体情况选择适宜的剂型，可以有效地提高防治效果。如防治水稻后期的螟虫和飞虱，采用粉剂喷粉或采用液剂喷雾的效果不如采用粒剂，或撒毒土和泼浇防治。

③ 适期用药：适期用药不仅可以提高防治效果，同时还可以避免药害和对天敌及其他非靶标生物的影响，减少农药残留。

④ 采用适宜的施药方法：不同的防治对象和保护对象需要不同的施药方法进行处理，选择适宜的施药方法，既可以得到满意的效果，又可以减少农药用量和飘移污染。

⑤ 注意环境因素的影响：合理用药必须考虑温度、湿度、雨水、光照、风、土壤性质和植物长势等环境因素。

⑥ 充分利用农药的选择性：合理用药必须充分利用农药的选择性，减少对非靶标生物和环境的危害。使用杀虫剂也常利用其选择性，避免过多地杀伤天敌及授粉昆虫等有益生物。如利用内吸性杀虫剂进行根区施药。在果园避免花期施药，棉田利用拌种、涂茎等施药方法，减少前期喷药，可以有效地保护天敌。

⑦ 抗药性治理：合理用药要采取适当用药策略延缓抗药性的发生发展。主要是尽量减少单一药剂的连续选择，如采用无交互抗性农药轮换使用或混用，采用多种药剂搭配使用，避免长期连续单一使用一种农药。

（三）农药精准施药技术

（1）传统农药使用技术往往根据全田块发生病虫草害严重区域等的总体情况，采用全面喷洒过量的农药来保证目标区域接受足够的农药量。

用药量大，残留高，污染重，利用率低：中国 20%～30%，发达国家 50%。

（2）农药精准使用技术是利用现代农林生产工艺和先进技术，设计在自然环境中基于实时视觉传感或基于地图的农药精准施用方法。

通俗讲：农药精准使用技术就是要实现定时、定量和定点施药。就是把农药精量、准确地施撒到“靶物”上，提高农药的有效利用率（见图 4-2、图 4-3）。靶物包括间接靶标，通常是指作物（园林植物）；靶标实指直接靶标，是栖息在植物上的害虫、病原菌或待除灭的杂草等。

图 4-2 精准施药量具及器械

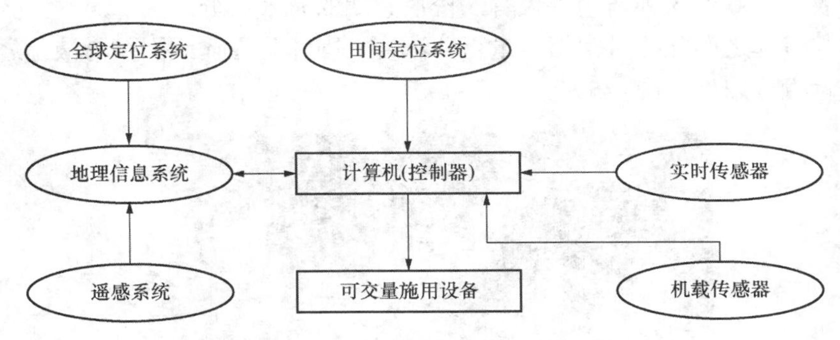

图 4-3 基于地图的农药精准使用系统

（3）精准施药原理（图 4-4）。

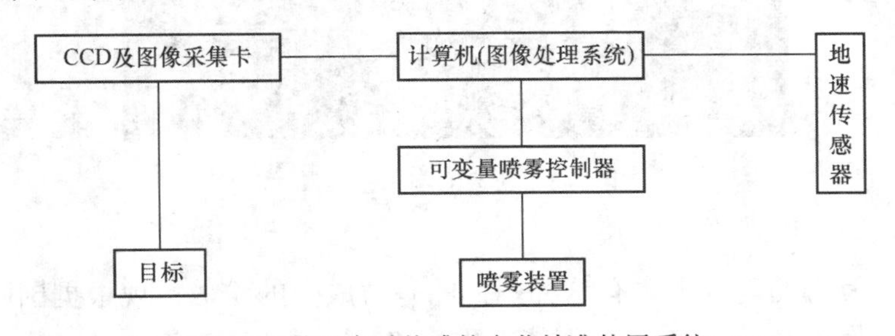

图 4-4 基于实时传感的农药精准使用系统

（4）精准施药的未来前景：农药作为农业生产主要投入品之一，为农业生产与发展做出了重要贡献。随着人们对农药的认识不断深入，农药应用对食品安全及环境的影响越来越被人们所重视，各国科学家开始研究精准施药技术，并逐步在生产中应用。美国印第安纳州中部地区是较早采用精准施药技术的地区，这里地势起伏，田间病虫草害情况和生态条件有很大的不同，由于这里 80%的农民采用了精准施药技术，除草剂、杀虫剂的精准施用使所需的农药投入量减少至原来的 90%，每公顷利润增加 50 美元。实践证明精准施药技术所带来的额外利润，足以补偿精准施药先期的启动成本。

目前在我国，针对“精准施药”而进行的GPS定位、静电喷雾、自动对靶喷雾等各种先进技术的研发工作正在如火如茶地进行。未来，“精准施药”的科学理念与专业技术将会在更大范围内得到普及和应用。

第二节　农药的配制

一、农药浓度的表示法

1. 百分浓度

表示100份药液或药剂中，含有效成分的份数，符号是%。如5%尼索朗可湿性粉剂，即表示100份这种药剂中含有5份尼索朗的有效成分。

液体与液体之间配药时常用容量百分浓度，固体与固体或固体与液体之间配药时多用重量百分浓度（图4-5）。

图4-5　农药配制——称量

2. 百万分浓度

即在100万份的药剂中含有这种药剂的有效成分的份数，现根据国际规定百万分浓度已不再使用ppm来表示，而统一用ml/L或mg/kg来表示。

3. 倍数法

在液剂或粉剂中，稀释剂（水或填充剂）的量为原药剂量的多少倍。如10%氯氰菊酯乳油3000～4000倍液，表示用10%的乳油1份，加水3000～4000份稀释后的药液。实际应用时多根据稀释倍数的大小，用内比法和外比法来配药。

（1）内比法：稀释100倍或100倍以下的，计算稀释量时，要扣除原药剂所占的1份。如稀释90倍则用药剂1份，加水或稀释剂89份。

（2）外比法：稀释100倍以上的，计算稀释量时不扣除原药剂所占的1份。

二、农药稀释的计算法

1．根据有效成分的计算法

通用公式：原药剂浓度×原药剂重量=稀释药剂浓度×稀释药剂重量

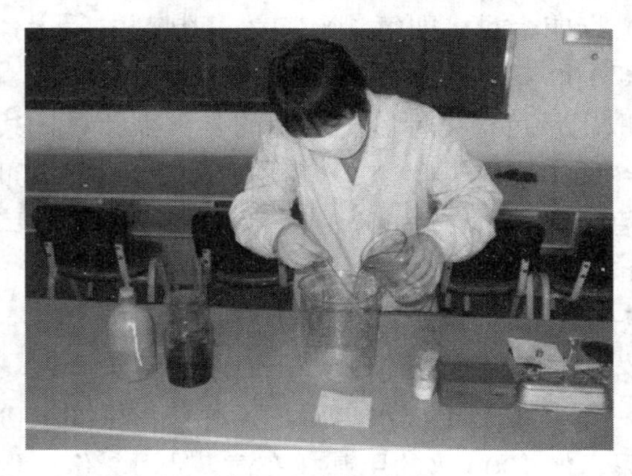

图 4-6　农药稀释

（1）稀释剂重量：

计算 100 倍以下时：

稀释剂重量=原药剂重量×(原药剂浓度−稀释药剂浓度)/稀释药剂浓度

例：用 40%乐斯本乳油 10 千克，配成 2%稀释液，需加水多少？

计算：10×(40%−2%)/2%=190（千克）

计算 100 倍以上时：

稀释剂重量=原药剂重量×原药剂浓度/稀释药剂浓度

例：用 100ml　80%三唑酮乳油稀释成 0.05%浓度，需加水多少？

计算：100×80%/0.05%=160（千克）

（2）求用药量：

原药剂重量=稀释药剂重量×稀释药剂浓度/原药剂浓度

例：要配制 0.5%乐斯本药液 1000 毫升，求 40%乐果乳油用量。

计算：1000×0.5%/40%=12.5（毫升）

2．根据稀释倍数的计算法

此法不考虑药剂的有效成分含量：

（1）计算 100 倍以下时：

稀释药剂重=原药剂重量×稀释倍数-原药剂重量

例：用 40%乐斯本乳油 10 毫升加水稀释成 50 倍药液，求稀释液重量。

计算：10×50−10=490（毫升）

（2）计算 100 倍以上时：

稀释药剂重=原药剂重量×稀释倍数

例：用 80%三唑酮乳油 10 毫升加水稀释成 1500 倍药液，求稀释液重量。

计算：10×1500=15（千克）

3. 商品农药制剂取用量的计算法

在商品农药的标签和说明书中均标明该药剂的有效成分含量。我国商品农药多采用质量百分数（%）标明含量，即每 100 克农药制剂中所含有效成分的克数。如 20%甲氰菊酯乳油，即 100 克乳油中含有效成分 20 克。

配药时，农药的取用量可根据标签上标明的含量来计算，其公式为：

农药制剂取用量=每 667 平方米（亩）需用有效成分量÷制剂中有效成分含量

例如，20%甲氰菊酯乳油，若每 667 平方米需用有效成分 10 克，则：20%甲氰菊酯乳油取用量是 50 克。

4. 农药混用时取用量的计算法

农药混用时，各农药的取用量分别计算，而水的用量合在一起计算（即几种农药混用时，不是每加一种药都加 1 次水，而是各种药都用同 1 份水来计算浓度）。例如：配制 500 倍的尿素加 1000 倍的甲基托布津，是用 2 份尿素加 1 份甲基托布津加 1000 份水。另外，兑水时，应先配成母液，即先用少量温水将药液化开，再加水至所需浓度，充分溶解，以提高药效，防止药害。

三、不同剂型农药稀释方法

1. 粉剂农药的稀释方法

一般粉剂农药在使用时不需稀释，但当作物植株高大、生长茂密时，可加入一定量的填充料（草糠等）进行稀释。

2. 可湿性粉剂的稀释方法

通常也采取两步配制法，即先用少量水配制成较浓稠的“母液”，进行充分搅拌，然后再倒入药水桶中进行最后稀释。这两步配制法需要注意的问题是，所用的水量要等于所需用水的总量；否则，将会影响预期配制的药液浓度。

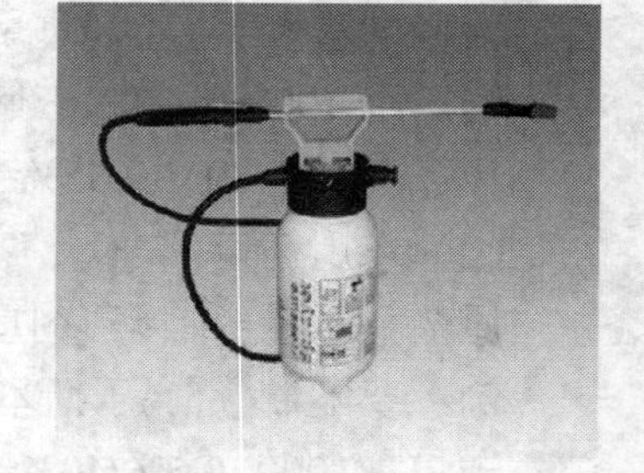

图 4-7 迷你小型手动喷雾器

3. 液体农药的稀释方法

要根据药液稀释量的多少及药剂活性的大小而定。防治用液量少的可直接进行稀释，即将定量药剂慢慢倒入盛好的所需用的清水中，用小木棍轻轻地搅拌均匀，便可供喷雾使用。如果需配制较多的药液量时，这就需要采用两步配制法，其具体做法是：先用少量的水将农药稀释成母液，再将配制好的母液按稀释比例倒入准备好的清水中，搅拌均匀为止。

4. 颗粒剂农药的稀释方法

颗粒剂农药其有效成分较低，大多在 5%以上，所以，颗粒剂可借助于填充料稀释后再使用，可采用干燥均匀的小土粒或同性化学肥料作填充料，使用时只要将颗粒剂与填充料充分拌匀即可。

第三节 植保器械的使用

一、手动喷雾器的使用

背负式手动喷雾器是用人力来喷洒药液的一种机械，操作者背负，用摇杆操作液泵产生药液压力，进行边走边喷洒作业的喷雾器，是我国目前使用得最广泛、生产量最大的一种手动喷雾器（见图 4-8）。

图 4-8 WS-16P 型背负式手动喷雾器

1. 手动喷雾器构造

主要由药箱、液泵、喷射部件、摇杆部件等组成。

2. 喷药前的准备

（1）着装准备：戴好手套、口罩、防护眼镜，穿好防护服、劳保鞋。

（2）检查各部分零件是否齐全、完好，连接是否可靠。

（3）根据作物的种类、生长时期、病虫害的种类和亩施药液量，确定采用常量喷雾还是低量喷雾和施药液量，选用合适的喷杆和喷头。

（4）用清水试喷，检查连接部件是否有漏水现象，喷雾质量是否符合要求。

（5）打开药箱盖（不要取出滤网），按农药使用说明书的规定，倒入需要的农药，然后加水并搅拌均匀，加水不许超过桶壁上所示水位线，药液配制好后盖好药箱盖。

3. 喷雾器使用操作

操作者背负喷雾器，摇动摇杆 6～8 次，使药液达到喷射压力，打开开关即可正常喷雾。

背负喷雾器作业时，应以每走 4～6 步摇动摇杆 1 次的频率进行行走和操作。

由于喷雾器雾粒细小，自然风的大小和方向直接影响喷药效果和人身安全。喷洒药液时，操作人员走向应与风向垂直，作业顺序应从整个地块的下风一边开始，绝不能顶风作业。

喷洒作业行走路线应为隔行侧喷，这样可以避免药液粘附在身体上而引起中毒事故。如果在身前左右摆动喷杆，人在施药区内穿行，容易引起中毒。几台机具同时喷洒时，应采用梯形前进，下风侧的人先喷，以免人体接触农药。

4. 施药后操作

喷雾器每天使用结束后，应倒出桶内残余药液，加入少量清水继续喷洒，以冲洗喷射部件，如果喷洒的是油剂或乳剂药液，要先用热碱水洗涤喷雾器，之后用清水冲洗；再用清水清洗喷雾器外部，将其置于室内通风干燥处存放。尤其是喷洒除草剂后，必须将喷雾器，包括药液箱、胶管、喷杆、喷头等彻底清洗干净，以免在下次喷洒其他农药时对作物产生药害。

二、背负式喷雾喷粉机的使用

背负式机动喷雾喷粉机是采用气压输液、气力输液、气流输液原理，由汽油机驱动的植物保护机具。它的特点是用一台机器更换少量部件即可进行迷雾、超低量喷雾、喷粉、喷洒颗粒、喷烟等作业。具有结构紧凑、体积小、质量小、一机多用、射程高、作业效果好以及操作方便等特点。

图 4-9　WFB-18G 型背负式喷雾喷粉机

目前我国有 20 家左右的工厂生产这种背负机，型号有 WFB-18AC 型、WFB-18BC 型等 10 多个品种，其中 WFB-18AC 型背负式机动喷雾喷粉机（以下简称背负机）在我国是一种较为理想的、具有发展潜力的小型机动植保机械。

（一）喷雾喷粉机的构造

喷雾喷粉机主要由机架、离心风机、汽油机、油箱、药箱组件和喷管组件等部件组成，如图 4-9、图 4-10 所示。

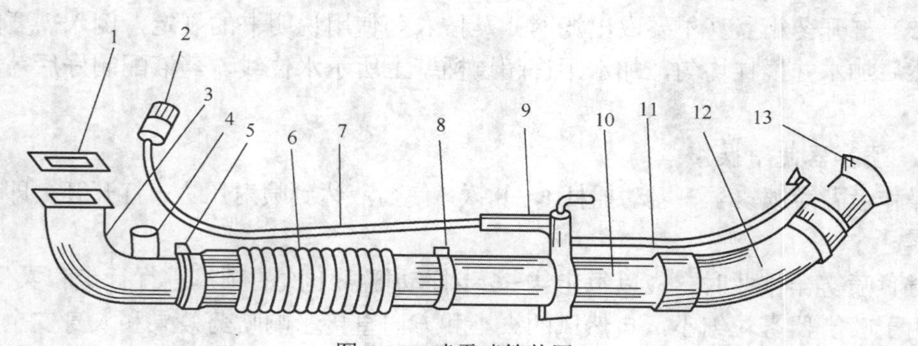

图 4-10　喷雾喷管装置

1—垫板；2—出水塞；3—弯头；4—进粉口；5—卡环；6—蛇形软管；7—输液管；8—卡环；9—手把开关；10—直管；11—输液管；12—弯管；13—喷头

（二）使用操作

1. 燃油的准备

本机采用单缸二冲程汽油机，燃料是汽油与机油的合油。混合油的比例为：汽油∶机油=25∶1，磨合期可稍增加一些机油量。

2. 启动汽油机

（1）确认油门控制杆工作正常，油门限制器处于最小位置。

（2）将开关键打在“开”的位置。

（3）打开燃料阀，将其置于“开”的位置。

（4）发动机冷启动，将阻风阀置于“关”的位置，热启动，将阻风阀置于“开”的位置。

（5）按住机器，拉启动手柄直至遇到阻力，然后迅速用力拉一下，启动发动机，如未能启动则重复该动作直至发动机启动。

（6）然后将阻风阀打到“开”的位置。

3. 喷雾作业使用操作

（1）首先组装有关部件，使整机处于喷雾作业状态（见图 4-11）。

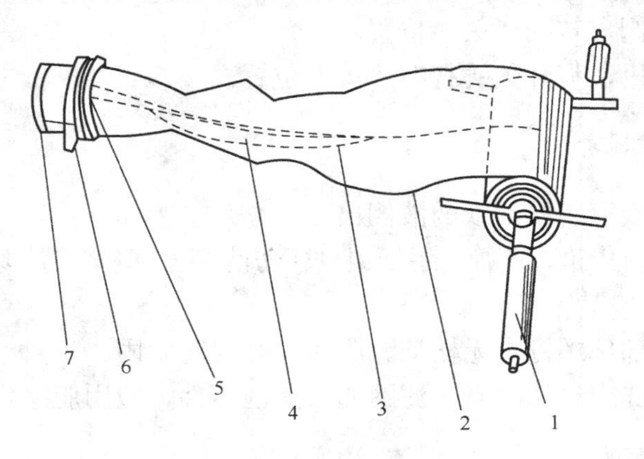

图 4-11　长塑料薄膜喷粉管

1—绞车；2—塑料薄膜管；3—尼龙绳；4—松紧带

（2）加药液前，用清水试喷一次，检查各处有无渗漏；加液不要过急过满，所加药液必须干净，以免喷嘴堵塞。加药液可以不停车，但发动机要处于低速运转状态。

（3）操作者背起机器后，调整手油门，使汽油机稳定在额定转速 5000 转/分钟左右，开启手把药液开关，然后以一定的步行速度和行走路线进行作业。

4. 喷粉作业使用操作

（1）首先组装有关部件，使药箱装置处于喷粉状态。

（2）不停车加药时，汽油机应处于低速运转，关闭挡风板及粉门操纵手把，加药粉后，旋紧药箱盖，并把风门打开。

（3）机手背机后将手油门调整到适宜位置，稳定运转片刻，然后调整粉门开关手柄进行喷施。

（4）在林区喷施注意利用地形和风向，晚间利用作物表面露水进行喷粉较好。

（5）使用长喷管进行喷粉时，先将薄膜从摇把组装上放出，再加油门，能将长薄膜塑料管吹起来即可，然后调整粉门喷施，为防止喷管末端存粉，前进中应随时抖动喷管见图 4-12。

图 4-12 常温烟雾机

5. 停止发动机

（1）将油门控制杆及油门限制器设在最小位置。

（2）关上燃料阀，转回“关”位置。

（3）关闭发动机，将开关键打在“关”位置。

（三）日常维护保养

（1）将药箱内残存的粉剂或药液倒出。

（2）用清水洗刷药箱、喷管、手把组件（勿洗刷汽油机），清除机器表面的油污尘土。

（3）检查各零部件螺钉有无松动、脱落，必要时紧固。

（4）用汽油清洗空气滤清器，滤网如果是泡塑件，应用肥皂水清洗，喷粉作业时，需清洗汽化器。

（5）超低量喷雾作业半天，应把齿盘组件取下，用柴油清洗轴上的孔，保持输液畅通，用干净棉丝或布擦净喷头，不要用水冲洗，以防轴承生锈。每天还应把齿盘中的轴承取下用柴油清洗干净，加入适量钙基润滑脂后装好，取下调量开关畅通清洗孔径。

（四）长期存放

要放净燃油，全面清理油污、尘土，并用肥皂水或碱水清洗药箱、喷管、手把组合、喷头，然后用清水冲净并擦干。金属件涂防锈油；脱漆部位，除锈涂漆。取下汽油机的火花塞，注入 10～15 克润滑油，转动曲轴 3～4 转，然后将活塞置于上止点，最后拧紧火花塞罩上塑料袋，存放阴凉干燥处。

三、常温烟雾机的使用

（一）常温烟雾机施药的特点

20 世纪 80 年代以来常温烟雾机作为塑料大棚和温室农作物病虫害的主要防治

机具，在作业中显示出了以下突出优点:

（1）常温烟雾机的雾化原理是在常温条件下（不需加温）由高速气流与药液通过特殊的“二相流”喷头雾化形成烟状细雾。

（2）喷出的烟雾雾滴很细。

（3）采用轴流风机吹送，烟雾可充满长达30～60米的整个棚室空间。可通过控制系统进行自动化操作，避免农药中毒。

（4）由于烟雾雾滴很细，可节省农药和大量水资源。

（二）常温烟雾机的结构

国产 3YC-50 型常温烟雾机由气液雾化部件、喷筒及导流消声部件、支架、药箱、轴流风机、小电机、升降架、电气柜、大电机、空气压缩机等部件组成，如图 4-13 所示。

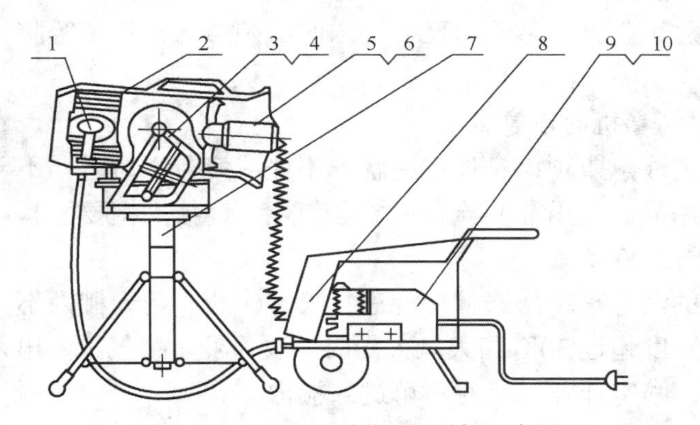

图 4-13　3YC-50 型常温烟雾机示意图

1—气液雾化部件；2—喷筒及导流消声部件；3—甲支架；4—药箱；5—轴流风机；6—小电机；7—升降架；8—电气柜；9—大电机；10—空压机

（三）使用操作

1. 作业前检查

（1）大棚的密闭性能好则防效好。膜的破损处、换气扇和出入口的缝隙必须在施药前修补、贴好。

（2）空压机部分：插好电源线，指示灯亮（红色）。这时各开关都处于关闭状态。

（3）把风机电源线、空气胶管接到空压机部分的插座和空气出口上，尤其连接线的插头，插入后要往右转动锁紧。

（4）风机电机和连接线的连接采用防水插头和插口，要牢靠地插入，往右转动锁紧。

（5）空气常用压力为 0.1～0.16 兆帕（空气压力不要超过 0.3 兆帕）。

（6）本机喷量一般农药为 45 毫升/分钟左右，喷量过少或过多都会影响防治效果。使用前用清水试喷，喷量为 50 毫升/分钟。把喷嘴帽旋到底再回到正中标记处则喷量正好。

2. 配制药液

本机使用高浓度药液，请特别小心，操作步骤如下：

（1）配药需用专用的配药杯；

（2）按每亩地 2～4 升的容量确定清水用量，再将农药边搅拌边慢慢倒入；

（3）将混合后的药液通过过滤器注入药箱；

（4）用少量清水放入配药杯，一边冲洗配药杯一边注入药箱，这时也必须过滤。

3. 启动机器

（1）插上电源插头。

（2）开启空压机，打开搅拌开关，搅拌 5 分钟左右。

（3）接通喷雾管路，开始喷雾。喷雾部分机具要在喷雾结束后立即搬出。密闭大棚 6 小时以上才可打开。万不得已要进入时必须戴防毒口罩等防护用品，以确保安全。

4. 使用常温烟雾机的注意事项

（1）作业前的注意事项：身体健康状况不佳或疲劳不适时，不要作业；作业前必须穿戴好防护用品。使用前要检查机械各部位，连接螺帽要上紧，电源接线应正确，电压不可超过 220 伏。

（2）作业时的注意事项：选择傍晚进行喷雾作业；阴天棚内不会形成高温时，也可作业。棚内温度超过 30℃和大风大雨时不要作业。换气窗、出入口、大棚边等处要切实关闭好。喷雾作业时绝对不可进入棚内。

（3）喷雾后的注意事项：喷雾后，在大棚入口处挂上“禁止入内”的牌子，防止其他人误入。使用后须清洗药箱、滤网、喷嘴部分。洗用后的脏水不要流入河渠池塘，以免污染，要做好安全处理。清洗时注意不要碰伤喷嘴等零件。用清水喷雾检查喷雾量和喷雾状态。电器部分不可淋水冲洗。

5. 农药的处置

常温烟雾施药法属于低容量喷雾，农药的浓度比常规容量喷雾法高；请仔细阅读农药使用说明书，谨慎操作。

喷口近处的农作物上要用塑料布遮盖保护，以免引起药害；用药量不超过常规用量。

（四）常温烟雾机的维护和保养

1. 清洗和清扫

常温烟雾机每次使用后一定要清洗和清扫。

（1）清洗处包括：①药箱；②喷嘴帽；③从喷嘴到吸水管；④吸水滤网；⑤过滤盖。

（2）清扫处包括：①风筒内外面；②风机罩；③风机及其电机外表面；④共鸣盒后部；⑤其他外表面。

2. 喷雾部分和空压机部分的存放

不宜存放在大棚内（电器电机都不宜高温多湿环境）。长时间不用时，盖上罩子存放在干燥的屋内。

3. 搬运方法

可以把喷雾部分直接放在空压机的盖子上搬运。但不可将喷雾部分放在空压机盖子上开机运转；空压机停机后 5 分钟之内不可装上；若药箱内装有农药，不可如此搬运；不可将喷雾部分装在空压机上长期存放，只限于短时搬运。搬运时配药杯、量筒可放入工具箱，但不可用来装运保存农药袋、玻璃瓶等。

图 4-14　大功率车载式风送宽幅远程喷雾机

4. 定期检查

空压机部分检查：空气过滤器运转 100 小时检查清扫一次；500 小时更换有关零件。工作前检查空气压力。

喷雾部分检查：工作前按作业前的检查要点的要求检查喷嘴的喷量。

四、远程宽幅机动喷雾机的使用

（一）特点及类型

远程宽幅机动喷雾机是指发动机带动液泵产生高压，用喷枪进行宽幅远射程喷雾的机动喷雾机。具有流量大、工作压力高、喷雾幅宽、射程远、体积小、结构紧凑、耐腐蚀能力强、维修方便、工作效率高、适用范围广等特点。广泛应用于农业、林业及城市园林防治病虫害、喷洒液态化学肥料和除草剂等作业，也可用于工业清洗、卫生消毒等领域。

远程宽幅机动喷雾机因配用的液泵的种类不同可分为 3 类：隔膜泵喷雾机（配

用往复式活塞隔膜泵）、活塞泵喷雾机（配用往复式活塞泵）、柱塞泵喷雾机（配用往复式柱塞泵）。常用型号主要有金峰-40 型、3WH-36 型和 3WZ-40 型等。

还可以根据不同作物种类不同种植规模选择合适的机型，有便携式、担架式、车载式。

（二）一般构造

远程宽幅机动喷雾机一般由机架、发动机、液泵、吸液管滤网组件和喷洒部件 5 大部分组成，现以金峰-40 型远程宽幅机动喷雾机为例说明其一般构造如图 4-15。

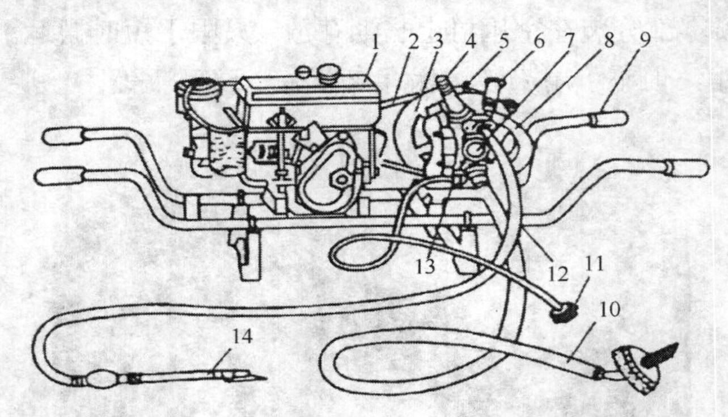

图 4-15 金峰-40 型远程宽幅（架式）机动喷雾机

1—发动机；2—三角带；3—皮带轮；4—压力指示器；5—空气室；6—调压阀；7—隔膜泵；8—回水管；9—机架；10—吸水管；11—吸药液管；12—出水管；13—混药器；14—喷枪

（三）使用操作

1. 使用前的准备

（1）仔细检查每个紧固件，固定螺栓是否缺失，螺栓是否紧固。

（2）检查传动皮带，表面是否有损坏，是否磨损严重，松紧要适中。

（3）添加燃油和机油。

（4）给空气室充气。

（5）连接喷雾部件。连接喷雾管、喷枪、吸液管滤网组件，连接后要保证连接处牢靠。

（6）药剂准备。按病虫害发生情况选择适宜的农药，按农药说明书的规定配制药液。

（7）着装准备。穿好防护服、劳保鞋，戴好手套、口罩、防护眼镜等。

2. 启动操作

（1）启动前，检查吸水滤网，滤网必须沉没于水中。将调压阀的调压轮按反时针方向调节到较低压力的位置，再把调压柄按顺时针方向扳足至卸压位置如图 4-16。

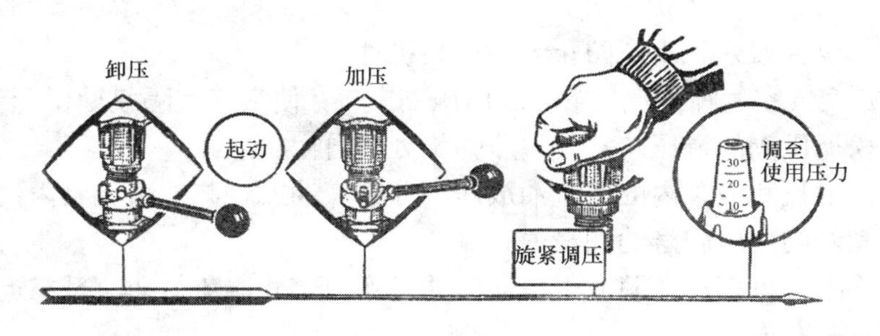

图 4-16　启动调压示意图

（2）启动发动机：

① 打开油箱开关和点火开关，将化油器阻风门关闭，将调速手柄开至 1/2～1/3 位置。

② 先缓慢拉动启动绳几次，以便将汽油注入气缸内，然后用力迅速拉动启动绳，当发动机运转后将风门打开。

（3）汽油机启动后，应在低速状态运转 3～5 分钟，低速运转后，逐渐旋转调压手柄，使压力指示器指示到要求的工作压力。

（4）用清水进行试喷，观察各接头处有无渗漏现象，喷雾状况是否良好。

3. 喷雾作业操作

将吸液管滤网组件放入药箱，手持喷枪向待喷雾园林植物进行喷雾，喷雾过程中要不断抖动喷枪，保证喷雾均匀。

工作中，压力表指示的压力如果不稳定，应立即停机检查。

4. 结束作业

（1）每次工作后，为防止机具腐蚀，须用清水继续运行数分钟，以清洗泵和管道内残留腐蚀性液体，防止药液残留内部腐蚀机件，然后再脱水运转数分钟，排尽泵内残余积水。

（2）关闭汽油机熄火开关，切断点火线路，使汽油机停车。

（3）卸下吸水滤网组件和喷雾胶管，打开出液开关；将调压阀减压，旋松调压手轮，使调压弹簧处于自由松弛状态，并擦洗机组外表污物。

（四）维护保养

（1）汽油机的维护保养，按汽油机保养规程进行。

（2）液泵维护保养。

（五）存放和保管

（1）卸下三角皮带、喷枪、喷雾胶管、喷杆、混药器、吸水滤网等，清洗干净并晾干。

（2）清除汽油机和液泵表面尘土、油污。

（3）放尽泵内残余积水，防止天寒冻裂机件。

（4）顶开空气室气嘴的气门芯，放出压缩空气，使空气室隔膜处于无气压状态。

（5）旋松调压阀的调压轮，使调压弹簧处于自由状态。

（6）将汽油机和液泵内的旧机油放净，并用煤油或轻柴油清洗泵内油腔和运动件，然后加满新的规定牌号的润滑油。

（7）应将喷雾机存放在阴凉干燥通风的机库内，并避免与酸、碱靠近，能悬挂的最好悬挂起来存放。

五、超低空航空施药技术装备

无人驾驶直升机超低空工作状态。

用途：该技术成果适用于各种农作物病虫害的防治，特别针对水田爆发性病虫草害，进行快速有效防控。

技术特点：是一种农用超低空轻型直升机及低量施药装备，具有作业高度低，飘移少，大大降低了对环境的副作用；无需专用起降机场；旋翼产生的向下气流有助于增加雾流对作物的穿透性，防治效果高；远距离遥控操作，避免农药对作业人员的危害等诸多优点。同时，采用无人驾驶自动导航低空施药技术，将现代航空技术、GPS 导航技术、GS 技术及数字信息技术相结合，实现喷幅精确对接，避免漏喷与重喷（见图 4-17，图 4-18）。

图 4-17　3WX-280H 型自走式旱田作物喷杆喷雾机

图 4-18　无人驾驶直升机超低空工作状态

第四节　常用农药简介

一、杀虫剂的应用

（一）杀虫剂的作用机制

杀虫剂是一类用于防治农林业害虫和城市卫生害虫的农药。有些杀虫剂品种同时具有杀螨和杀线虫的活性，则称之为杀虫杀螨剂或杀虫杀线虫剂。

1. 杀虫剂的分类

按其来源可分为无机杀虫剂、有机杀虫剂、微生物杀虫剂三大类。

无机杀虫剂主要是含砷、铅、钙、硫、磷等元素的无机化合物， 如砷酸铅、砷酸钙、亚砷酸盐、氟化钠、氟硅酸钠、硫黄、磷化锌等。

有机杀虫剂又可分为天然有机杀虫剂和人工合成有机杀虫剂。

天然有机杀虫剂：①植物性杀虫剂：如鱼藤、除虫菊、烟草、松脂、茴蒿素、楝素等。②矿物性杀虫剂：如柴油乳剂、石油乳剂。

人工合成有机杀虫剂：

①有机氯类杀虫剂：如林丹。②有机磷类杀虫剂：如敌百虫、敌敌畏、马拉硫磷、乙酰甲胺磷、辛硫磷、甲基硫环磷等。③有机氮类杀虫剂：如叶蝉散、西维因、异丙威、杀螟丹、仲丁威、甲萘威、叶飞散等。④菊酯类杀虫剂：如功夫、戊菊酯、氟氰戊菊酯、联苯菊酯、氟氯氰菊酯、溴氰菊酯等。⑤其他杀虫剂：如除虫脲等苯基脲类，杀虫双、多噻烷等人工合成沙蚕毒素系列等。

微生物杀虫剂如苏云金杆菌、黄地老虎颗粒体病毒、棉铃虫颗粒体病毒、菜青虫颗粒体病毒、菜蛾颗粒体病毒、白僵菌、绿僵菌、赤座霉菌等。

2. 杀虫剂的作用机制

（1）作用于害虫的神经系统，是一种神经毒剂。如滴滴涕、呋喃丹、除虫菊酯等。

（2）作用于呼吸系统，抑制害虫的呼吸酶，如氰氢酸、鱼藤酮等。

（3）特异性杀虫作用。抑制几丁质合成，影响害虫生长、变态、生殖的昆虫生长调节剂灭幼脲等；引起害虫生理上的反常反应，如使害虫离作物远去的驱避剂；以性诱或饵诱诱集害虫的诱致剂；使害虫味觉受抑制不再取食以致饥饿而死的拒食剂等。

（4）物理性毒剂。如矿物油剂可堵塞害虫气门，惰性粉可磨破害虫表皮，使害虫致死。

3. 杀虫剂的选择与使用

（1）针对昆虫的杀虫剂品种很多，从防治时机上应遵守以下原则：

① 食叶害虫。如菜青虫、小菜蛾、棉铃虫等，应及早防治，大龄幼虫对药剂的抵抗能力大大增强，一般应在幼虫3龄以前进行施药。

② 吸汁害虫和潜叶害虫。有些害虫靠吸取植物的汁液为生，比如蚜虫和蓟马，而且世代重叠严重，卵和不同龄期的幼虫同时存在。如果向害虫体表喷洒农药，一次用药，很难彻底防治。而潜叶害虫潜伏在叶片或茎秆表皮下取食，一般的叶面喷施的药剂很难达到这个部位。对于这两类害虫，应该选用象阿克泰、吡虫啉等药剂一样，内吸性能好、渗透能力强、持效期长的药剂，才能收到良好的效果。

③ 钻蛀害虫。如桃小食心虫、梨小食心虫等，应在幼虫孵化之后，钻蛀之前进行施药。

（2）选择杀虫剂的品种：主要根据害虫类型、作物类型、杀虫剂品种特性和加工剂型等几个方面进行。

① 刺吸式口器的害虫如蚜虫应选用内吸性杀虫剂，也可以选择触杀性的杀虫剂。

② 咀嚼式口器的害虫应选择胃毒作用较强的杀虫剂或触杀作用较强的杀虫剂。

③ 地上害虫的防治应选择不宜光解的农药。

④ 地下害虫的防治可以选用易光解而不受土壤钝化的杀虫剂，如辛硫磷。

（3）杀虫剂的使用注意事项：

① 杀虫剂的混合严格按照标签上的使用说明进行操作，种植者就可以轻松地利用复杂的化学杀虫剂，而且不会引起一些不必要的麻烦。

② 不同杀虫剂的混合使用：在一个喷药容器中混合不同杀虫剂时一定要格外小心。

首先，要确保这几种不同的杀虫剂是可以混合使用的，如不确定可以先进行小范围试验。

③ 水的 pH 值杀虫剂使用上出现的许多问题都是由于水质不好引起的，要掌握好合适的喷药时间，尽量不要把混合后的杀虫剂放置过夜，最好在混合之后的几个小时之内就使用。

④ 根据防治对象，选用适宜的药剂和类型，做到对“症”下药。

⑤ 各种害虫的习性、危害期不同，应根据害虫对药剂的敏感期适时用药。

⑥ 避免长期使用单一的农药，降低抗药性的产生。

⑦ 配药时药剂的浓度要准确，同时应使药剂在水中分散均匀，充分溶解。

⑧ 施药时力求做到均匀，以保证施药质量。

⑨ 一般应在无风或微风的天气施药，同时还应注意气温的高低。

（二）有机磷杀虫剂

有机磷杀虫剂是一类最常用的农用杀虫剂，多数属高毒或中等毒类，少数为低毒类，已有 50 多年历史、品种多、产量大。

（1）主要品种：

剧毒：3911、M—1605、久效磷、甲胺磷、磷胺、水胺硫磷、三硫磷。

高毒：DDVP，O—乐果，杀扑磷，三硫磷。

中低毒：杀螟松，敌百虫，喹硫磷（25%），毒死稗（乐斯本），嘧啶氧磷，哒嗪硫磷等。杀扑磷（速扑杀，速蚧克）高毒，渗透性强，能杀蚧壳下之卵，对蚧类高效，五天见效。

（2）性状：原药多为原油，商品多乳油，多有特殊气味（蒜臭），多不溶于水（敌百虫、乐果）化学性质不稳定，四怕（碱、水、光、高温），残效期多不长、内吸剂除外。

（3）杀虫作用：大多是触杀、胃毒、广谱、兼杀螨、有的可杀卵。部分品种有内吸性，对刺吸害虫好。

（4）毒性：部分品种剧毒，无残留毒性。急性中毒表现为头晕，恶心、呕吐、瞳孔缩小、虚汗、呼吸困难、脸部抽筋、腹痛、腹泻、昏迷等。如百磷 3 号、4 号（石家庄）1000X 梨木虱等。

（5）多速效，使用浓度 1000～2000 倍（有效成分 25～50 克/亩）在植物体内分解为无毒磷酸类物质，能刺激植物生长（肥效）。少数作物对某些品种敏感，如十字花科对杀螟松敏感。

（6）存在问题：①部分剧毒。②广谱的，伤天敌。③抗性突出，并有交互抗性。解决方法：低毒化，多品种。

（三）氨基甲酸酯类杀虫剂

氨基甲酸酯类杀虫剂是被用作防治植物害虫的含氮有机化合物。除有胃毒、触杀作用外，有些产品还有较强的内吸性能。

（1）主要品种：西维因、辟蚜雾、万灵、呋喃丹、拉维因、双早脒、杀虫双、铁灭克。

（2）化学成分多样，剂型多样，多为胃、触、广谱、不易产生抗性、少数内吸性、无残毒、低残留、多低毒。

（3）特点：

① 多数品种速效，残效期短，选择性强。对叶蝉、飞虱、蓟马、玉米螟防效好，对鱼类安全，对天敌安全，但对蜜蜂具有高毒。

② 多数品种对高等植物低毒，在生物和环境中易降解，个别品种克百威等急性毒性极高。

③ 不同结构类型的品种、生物活性和防治对象差别很大。

④ 与有机磷作用机理相似，抑制乙酰胆碱酯酶，但反应过程有差异。与有机磷混用，有的产生拮抗作用，有的增效作用。

（四）合成菊酯类杀虫剂

合成菊酯类杀虫剂是指拟除虫菊酯、除虫菊酯类似物。优点是速效，击倒力强，广谱，低毒、无残毒、对植物安全。缺点是占土地多，价高，残效短，不稳定，怕光等而受限制。

1. 主要品种

（1）不杀螨：敌杀死、速灭杀丁、氯氰菊酯、来福灵

（2）兼杀螨：灭扫利、功夫、天五星。敌杀死（2.5%溴氰菊酯）、速灭杀丁（20%氰戊菊酯）、保得（2.5%EC　2000 倍）潜蝇、潜蛾、20%灭扫利＊（＊表示中毒）（甲氰菊酯）2000～3000 倍、2.5%功夫（三氟氯氰菊酯）2000～3000 倍、10%天五星（联苯菊酯）3000～4000 倍、30%保好鸿（氟氰菊酯）5000～10000 倍、20%马扑立克（氟胺氰菊酯）2000～3000 倍

2. 主要特点

（1）杀虫力强、省药、用量有效成分 0.5～10 克/亩高效、速效、触、胃、驱避、杀卵比有机磷好。对植物表皮渗透性强、耐雨水冲刷、残效较长（怕碱）。

（2）广谱、防治对象多、兼杀螨时要增加药量。

（3）低毒、低残留、无残毒、在土中、水中几天即分解。

（4）缺点：伤天敌，抗性问题突出，部分品种刺激性（咽、眼鼻、皮肤）与有机磷混用增效。

3. 混配药剂

菊杀、菊马、灭杀　氟杀（20%EC）、硫氰（28%EC）；辛溴（EC）安灭灵 30%EC 1500 倍　细蛾、蚜、螨、木虱；蚧蚜死　500～600 倍；蜡蚧灵（蚧虫特）；栗虫净　蚜、螨；百磷 3 号（30%水胺氰 EC）1000 倍梨木虱；百磷 4 号；威克灵　2000 倍；好年冬　20%EC　1500 倍潜蝇

（五）烟碱类杀虫剂

1. 烟碱类杀虫剂的产品特点

20 世纪 80 年代中期由拜耳公司成功开发出第一个新烟碱杀虫剂吡虫啉后，新烟碱杀虫剂就以独特新颖的作用方式、良好的根部内吸性、低哺乳动物毒性、高效、广谱和对环境相容性好等特点而广受欢迎。

2. 问题

干扰蜜蜂的神经系统，导致蜜蜂迷失方向、无法回巢而死亡。养蜂人把这种蜜蜂死亡的现象称为“疯蜜蜂病”。 但与传统的有机磷、氨基甲酸酯和菊酯类农药不同，不存在交互抗性。

3. 常用烟碱类农药品种介绍

（1）吡虫啉又称咪蚜胺、一遍净、一片净、蚜虱净、大功臣、高巧、艾美乐、康多福等。具有胃毒、触杀和良好的内吸杀虫活性，每亩用有效成分 1～2 克即可。可用于水稻田防治稻叶蝉、稻飞虱、稻蓟马、稻蚜虫、小麦蚜虫、高粱蚜虫，蔬菜田菜蚜虫、温室白粉虱以及斑潜蝇，果树上各种蚜虫、梨木虱、棉蚜、棉蓟马、烟蚜等以及稻水象甲、马铃薯甲虫等害虫。

（2）啶虫脒又称吡虫清、乙虫脒、莫比朗、农友、蚜杀灵、快益灵、阿达克等。具有胃毒和触杀作用以及较强的叶片渗透作用，内吸传导性较差，每亩用有效成分 1.2～2 克，防治对象与吡虫啉相同。

（3）噻虫嗪商品名有阿克泰、锐胜等。作用机理与前两种相同，但杀虫活性更高，一般亩用有效成分 0.5～1 克，具有胃毒、触杀和内吸杀虫活性。防治果树蚜虫、梨木虱等可用 25%水分散粒剂 5000～10000 倍喷雾；防治温室白粉虱 可用 25%水分散粒剂 6000～8000 倍喷雾。

（4）呋虫胺为日本三井化学公司开发的第三代烟碱类杀虫剂。其与现有的烟碱

类杀虫剂的化学结构可谓大相径庭，它的四氢呋喃基取代了以前的氯代吡啶基、氯代噻唑基，并不含卤族元素。同时，在性能方面也与烟碱有所不同。故而，目前人们将其称为“呋喃烟碱”。

（六）苯甲酰脲类杀虫剂

苯甲酰脲杀虫剂，是一类能抑制靶标害虫的几丁质合成而导致其死亡或不育的昆虫生长调节剂（IGRs），被誉为第三代杀虫剂或新型昆虫控制剂。

1. 种类

特异性昆虫生长调节剂（又名苯甲酰脲类杀虫剂）灭幼脲 3 号、氟苯脲（农梦特、伏虫隆、优乐得、定虫隆（抑太保、氟啶脲）等。

2. 主要品种

灭幼脲、扑虱灵。25%灭幼脲 3 号 SC　1500 倍；5%抑太保 EC 2000～3000 倍；10%卡死克 EC 500～1000 倍；5%定虫隆 EC；20%杀铃脲（灭铃脲 4 号）8000 倍等。

3. 其他化学合成杀虫剂

有机氯类杀虫剂：如林丹有机氯　35%硕丹（硫丹、赛丹）EC、触、胃、高温下熏蒸、对瘿螨、跗线螨、鳞幼虫、抗性棉铃虫效好。杀虫兼杀螨、无残毒、对作物安全。

（七）微生物（源）杀虫剂

（1）商品化的主要有苏云金杆菌（苏云金杆菌各变种；Bt、青虫菌、杀螟杆菌）、白僵菌、绿僵菌、GV（颗粒体病毒），NPV（核多角体病毒）等几种。

（2）抗生素杀虫剂：1.8%爱福丁 EC2000 倍（潜蝇、潜蛾）阿维菌素（北京）1000 倍（螨、梨木虱、美产叶农螨克 Cagrimec）；1.8%虫螨光 EC（阿维菌素　浙江）等。

（3）植物性杀虫剂：0.65%蛔蒿素水剂（河北）1000 倍蚜、食心虫；1%苦参碱醇水剂（河北）600 倍蚜（苦参碱）；0.3 植物保护液（北京）1000 倍蚜（辣椒、八角茴香、草油）；烟百京 EC（天津）1000 倍蚜（烟碱）。

二、杀螨剂的应用

（一）杀螨剂的种类和特点

1. 杀螨剂的性能和种类

（1）属于蜘蛛纲，与昆虫纲的害虫在形态上有很大差异，在对农药的敏感性方面也有不同。有些农药对螨类特别有效，而对昆虫纲的害虫毒力相对较差或无效，因此，特称杀螨剂。

（2）种类：专性杀螨剂，即通常所说的杀螨剂，指只杀螨不杀虫或以杀螨为主的农药。如：20%三氯杀螨醇 EC 1000 倍　全杀性；20%扫螨净（哒螨灵）WP3000～4000 倍全杀；20%螨死净 SC 2000 倍（国产阿波罗）不杀成螨等。

兼性杀螨剂，指以防治害虫或病菌为主兼有杀螨活性的农药，这类农药又叫杀虫杀螨剂或杀菌杀螨剂。如：甲胺磷、水胺硫磷、甲基对硫磷、石硫合剂、硫悬浮剂等。

（二）杀螨剂的正确选择和使用

（1）选用对螨的各个生育期都有效的杀螨剂。叶螨的成螨、若螨往往同时存在，而卵的数量又大大超过成螨、若螨，最好选用对卵、幼若螨、成螨都有效的杀螨剂。

（2）选在害螨对药剂最敏感的生育期施药。如：唑螨酯和苯丁锡对螨卵效果很低或基本无效，不应在卵盛期施药。

（3）选在害螨发生初期，种群数量不大时施药，以延长药剂对螨的控制时间，减少使用次数。

（4）不可随意提高用药量或药液浓度，以保持害螨群中有较多的敏感个体，延缓抗药性的产生和发展。

（5）不同杀螨机制的杀螨剂轮换使用或混合使用。哒螨酮和噻螨酮无交互抗性，可以轮换使用。

（三）常用杀螨剂的品种

1. 炔螨特（克螨特）

具有触杀和胃毒作用，对成、若螨有效，杀卵效果差，在温度 20℃以上时，药效可提高。对柑橘嫩梢有药害，对甜橙幼果也有药害，在高温下用药对果实易产生日灼病，还会影响脐部附近退绿，因此，用药时不得随意提高浓度。炔螨特是目前杀螨剂中不易出现抗性，药效较为稳定的品种之一。

2. 三唑锡

是触杀作用较强的杀螨剂，可杀灭成若螨和夏卵，对冬卵无效。三唑锡对嫩梢有药害。其药效取决于含量和悬浮率是否达到标准。

3. 苯丁锡

是以触杀为主的长效杀螨剂，22℃气温以上时药效较好，对成、若螨杀伤力强，对卵杀伤力不大，喷药后药力释放缓慢，3 天后活性增强，到药后 7 天进入药效高峰。对螨类天敌较为安全。

4. 矿物油（法夏乐、绿颖）

主要通过封闭害螨气孔，阻止产卵和改变害螨取食行为的物理作用，达到防治柑橘红蜘蛛及柑橘上其他害虫的目的。能有效杀灭成、若螨，但对卵无杀伤力。在高温干旱季节使用要严格控制用量。

5. 双甲脒

具有触杀。拒食、驱避作用，也有一定的胃毒、熏蒸和内吸作用，对成、若螨较有效，但对越冬卵效果差。

6. 阿维菌素

高含量制剂对红蜘蛛有防治效果，但持效性较差，近年来抗性上升较快，对潜叶蛾、锈壁虱、粉虱及部分蔬菜鳞翅目害虫等有很好兼治效果。

三、杀菌剂和除草剂的应用

（一）杀菌剂的综述

用于防治植物病害的化学农药，统称为杀菌剂。

1. 作用方式和作用机理

（1）杀菌剂的作用方式（保护性和内吸性）：

① 杀菌作用：真正把菌杀死，如影响孢子萌发，杀死表面菌丝等。

② 抑菌作用：抑制病菌生命活动的某一过程。如菌丝生长，附着胞和各种子实体的形成，细胞膨胀、细胞原生质体和线粒体的瓦解以及细胞壁、细胞膜的破坏等。

③ 影响植物代谢，改变对病菌的反应或影响病菌致病过程，也可以作用寄主植物—增强寄主植物的抗病性。

（2）杀菌剂的作用机理：

不同的杀菌剂的作用方式也不同。

保护性杀菌剂即保护剂：在病菌侵染前施于植物表面起预防保护作用的。

铲除性杀菌剂：在施药部位能消灭已侵染病菌的。

内吸性杀菌剂：能被植物吸收并在体内传导至病菌侵染的部位而消灭病菌。

① 干扰病菌的呼吸过程，抑制能量的产生。

② 干扰菌体生命物质如蛋白质、核酸、甾醇等的生物合成。

2. 杀菌剂的使用方法

杀菌剂的使用方法有多种，每种使用方法都是根据病害发生的规律设计的。常见的使用方法主要有：对田间地上作物喷药，土壤消毒和种菌消毒三种。

对田间农作物喷药要注意两点：首先是药剂的种类和浓度。药剂种类的选择决定于病害类型，所以先要作出正确的病害类型诊断，然后才能对症下药。如稻瘟病可选稻瘟净、稻瘟灵、三环唑等，花生叶斑病要选甲基托布津等。药剂的种类选择后，还要根据作物种类及生长期、杀菌剂的种类和剂型、环境条件等选择合适的施用浓度。

3. 杀菌剂的分类

杀菌剂可根据作用方式、原料来源及化学组成进行分类。

（1）按杀菌剂的原料来源分：

① 无机杀菌剂：如硫黄粉、石硫合剂、硫酸铜、升汞、石灰波尔多液、氢氧化铜、氧化亚铜等。石硫合剂是石灰硫黄合剂的简称，是由生石灰、硫黄加水熬制而成的一种深棕红色透明液体，主要成分是多硫化钙（CaS_x），以“X”取值为 4 或 5 时比较稳定。石硫合剂具有强烈的臭鸡蛋气味，呈强碱性，性质不很稳定，遇酸易分解。一般来说，石硫合剂不耐长期贮存。

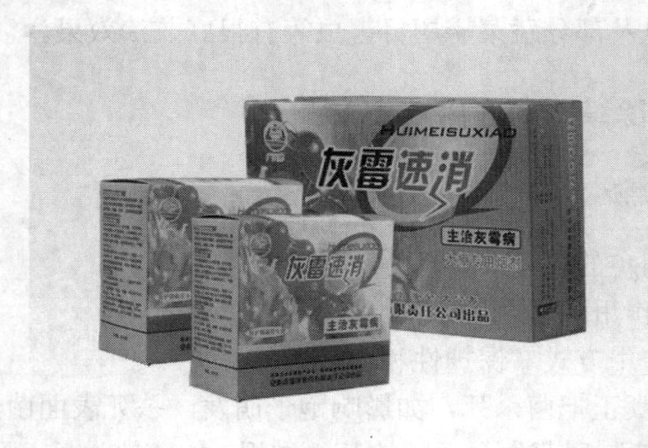

图 4-19　灰霉速消烟雾剂

② 石硫合剂：石硫合剂作为一种既能杀菌又能杀虫、杀螨的无机硫制剂，有较强的渗透和侵蚀病菌细胞壁和害虫体壁的能力，可直接杀死病菌和害虫。石硫合剂原料配比大致有以下几种：硫黄粉 2 份、生石灰 1 份、水 8 份或者硫黄粉 2 份、生石灰 1 份、水 10 份或者硫黄粉 1 份、生石灰 1 份、水 10 份，熬出的原液浓度分别为 28～30、26～28、18～21 波美度。目前多采用 2∶1∶10 的重量配比。

③ 石硫合剂原液的熬制方法：先将规定用水量在生铁锅中烧热至烫手（水温 40～50℃），立即把生石灰投入热水锅内，石灰遇水后消解放热成石灰浆。然后把事先用少量温水调成糨糊状的硫黄粉慢慢倒入石灰浆锅中，边倒边搅，边煮边搅，使之充分混匀，记下水位线。（另一种熬制方法是：先将水加热 40～50℃，用时用少量水将硫黄粉拌成糊状，然后慢慢倒入锅中，并不停搅拌，60～70℃时投入石灰块，逐渐投入，后面一样）用大火加热熬制，煮沸后开始计时，随时添加热水补充熬制过程中蒸发掉的水分（熬毕前 5 分钟不再加水），保持沸腾 40～60 分钟，待锅中药液由黄白色逐渐变为红褐色，再由红褐色变为深棕红色时立即停火。熬制好的原浆冷却后，用双层纱布滤除渣滓，滤液即为石硫合剂原（母）液。原液呈强碱性，腐蚀金属，宜倒入带釉的缸中保存。

熬制过程中注意问题：

① 熬煮时一定要用瓦锅或生铁锅，不可用铜锅或铝锅，锅要足够大。

② 由于原料质量和熬制条件的不同，原液浓度和质量常有较大的差异。熬制石硫合剂

首先要抓好原料质量环节，所用的生石灰一定选用新烧制的，洁白手感轻、块

状无杂质，不可采用杂质过多的生石灰及粉末状的消石灰。硫黄粉要黄、要细，市售硫黄粉基本能满足要求，块状硫黄要经加工成硫黄粉后使用。

③ 熬煮时要大火猛攻且火力均匀，一气熬成。要注意掌握好火候，时间过长往往有损有效成分（多硫化钙），反之，时间过短同样降低药效。

④ 熬制好的药液呈深棕红色透明，有臭鸡蛋气味，渣滓黄带绿色。若原料上乘且熬制技法得当，一般可达到21～28° Bè。

波尔多液：

（1）波尔多液原料、配比：

	硫酸铜	生石灰	水
茄果、豆类	1	1	200　0.5%等量式
瓜类	1	0.7	250　等量式200X
芹菜	1	0.5	200　0.5%等量式

① 配置方法：稀释液，将硫酸铜倒入浓石灰乳中。

② 性状：天蓝色胶状悬浮液，黏着力较强，耐水冲刷。

③ 广谱、保护性硫黄（50%　SC）白色黏粗液体，性质稳定，不容易产生抗药性，不伤害天敌，黏着力强，耐水冲刷。

小结：防病作用　无机杀菌剂的性状

① 有机硫杀菌剂 如代森铵、敌锈钠、福美锌、代森锌、代森锰锌、福美双等。

② 有机磷、砷杀菌剂 如稻瘟净、克瘟散、乙膦铝、甲基立枯磷、退菌特、稻脚青等。

③ 取代苯类杀菌剂 如甲基托布津、百菌清、敌克松等。

④ 唑类杀菌剂 如粉锈宁、多菌灵、恶霉灵、世高、丙环唑等。

⑤ 抗菌素类杀菌剂 井冈霉素、多抗霉素、春雷霉素、农用链霉素、农抗120等。

⑥ 复配杀菌剂 如炭疽福美、杀毒矾、甲基硫菌灵锰锌、甲霜灵、福美双可湿性粉剂等。

⑦ 其他杀菌剂 如甲霜灵、菌核利、腐霉利、扑海因、灭菌丹、克菌丹等。

（2）按杀菌剂的使用方式划分：

① 保护剂：在病原微生物没有接触植物或没浸入植物体之前，用药剂处理植物或周围环境，达到抑制病原孢子萌发或杀死萌发的病原孢子，以保护植物免受其害，这种作用称为保护作用。具有此种作用的药剂为保护剂。如波尔多液、代森锌、硫酸铜、代森锰锌、百菌清等。

② 治疗剂：病原微生物已经浸入植物体内，但植物表现病症处于潜伏期。药物从植物表皮渗入植物组织内部，经输导、扩散、或产生代谢物来杀死或抑制病原，使病株不再受害，并恢复健康。

③ 铲除剂：指植物感病后施药能直接杀死已侵入植物的病原物。具有这种铲除

作用的药剂为铲除剂。如福美砷、石硫合剂等。

（3）按杀菌剂在植物体内传导特性分：

① 内吸性杀菌剂：能被植物叶、茎、根、种子吸收进入植物体内，经植物体液输导、扩散、存留或产生代谢物，可防治一些深入到植物体内或种子胚乳内病害，以保护作物不受病原物的浸染或对已感病的植物进行治疗，因此具有治疗和保护作用。如多菌灵、力克菌、粉锈宁等。

② 非内吸性杀菌剂：指药剂不能被植物内吸并传导、存留。目前，大多数品种都是非内吸性的杀菌剂，此类药剂不易使病原物产生抗药性，比较经济，但大多数只具有保护作用，不能防治深入植物体内的病害。如硫酸锌、硫酸铜、草木灰、波尔多液、代森锰锌、福美双等。

此外，杀菌剂还可根据使用方法分类，如种子处理剂、土壤消毒剂、喷洒剂等。

4. 杀菌剂的使用注意事项

（1）最好还是根据当地植保技术部门在药效试验基础上提出的使用浓度进行施用。

（2）干旱或炎热的夏天应当降低使用浓度，避免产生药害。

（3）使用杀菌剂时还要注意使用时期和使用次数，掌握好喷药时期的关键是掌握病害发生和发展的规律，做好病害发生的预测预报工作。

（4）种苗消毒。浸种要用乳浊液和溶液，不能用悬浮液，即可湿性粉剂不能用来浸种。浸种的关键是药液浓度和浸种时间，操作不当会造成灭菌效果差或造成药害。

（二）除草剂的综述

除草剂（herbicide）是指可使杂草彻底地或选择地发生枯死的药剂。

1. 除草剂的作用方式分类

（1）按作用性质分类：

① 灭生性除草剂：不加选择地杀死各种杂草和作物的除草剂称为灭生性除草剂，例如五氯酚钠、克芜踪、草甘膦等。

② 选择性除草剂：有些除草剂能杀死某些杂草，而对另一些杂草则无效，对一些作物安全，但对另一些作物有伤害，此谓选择性，具有这种特性的除草剂称为选择性除草剂。例如 2 甲 4 氯只能杀死鸭舌草、水莎草等杂草，而对稗草、双穗雀稗等禾本科杂草无效。

（2）按作用方式分类：

① 内吸性除草剂：一些除草剂能被杂草根茎、叶分别或同时吸收，通过输导组织运输到植物体的各部位，破坏它的内部结构和生理平衡，从而造成植株残死亡，这种方式称为内吸性，具有这种特性的除草剂叫内吸性除草剂，如草甘膦能防除一年生杂草外，还能有效地防除多年生杂草。

② 触杀性除草剂：某些除草剂喷到植物上，只能杀死直接接触到药剂的那部分植物组织，但不能内吸传导，具有这种特性的除草剂叫触杀性除草剂。这类除草剂

只能杀死杂草的地上部分，对杂草地下部分或有地下繁殖器官的多年生杂草效果较差，如除草醚、五氯酚钠等。

（3）按施药对象分类：

① 土壤处理剂：即把除草剂喷撒于土壤表层或通过混土操作把除草剂拌入土壤中一定深度，建立起一个除草剂封闭层，以杀死萌发的杂草。如氟乐灵、除草醚、西马津等。

② 茎叶处理剂：即把除草剂稀释在一定量的水或其他惰性填料中，对杂草幼苗进行喷洒处理，利用杂草茎叶吸收和传导来消灭杂草。茎叶处理主要是利用除草剂的生理生化选择性来达到灭草保苗的目的。

（4）按施药方法分类：除草剂可采用的施药方法很多，如采用喷雾处理，这里包括常量喷雾、低量喷雾、微量喷雾，也可采用撒毒土法把除草剂与一定量的细润土混起来撒施。有些乳油或水剂的除草剂，如禾大壮、杀草丹、恶草灵，可以采用瓶甩，或利用滴注装置在稻田进行滴注处理。

2. 除草剂的使用原则与注意事项

（1）根据不同作物，选择不同除草剂品种，双子叶作物选择双子叶除草剂，单子叶作物选择单子叶除草剂。目前单子叶作物（玉米）除草剂主要有乙草胺200克/亩+阿特拉津200克/亩，兑水60千克/亩均匀喷雾。双子叶作物（大豆）除草剂主要有拉索150～200克/亩；乙草胺50～130克/亩，兑水60千克/亩均匀喷雾，进行苗前处理，土壤封闭。

（2）在使用除草剂时，必须注意风向，顺风方向有其他不同作物或风太大时，最好不喷，如确实要喷，喷头必须带有防护罩，离地面越低越好，以免随风飘移到附近其他作物造成药害。

（3）喷药器具专用，在给单子叶作物（玉米）打完除草剂后，必须清洗干净，才能用此套器具给双子叶作物（大豆）打除草剂，二者不能混用，以防人为造成药害。

（4）根据土壤墒情，采用不同兑水量。土壤墒情好，雨后可以少兑水；土壤墒情不好，干旱，可以多兑水。但最少时每亩不少于50千克，最多时不超过100千克。

（5）不准随意加大喷药浓度，不仅增加了成本，对作物本身和附近作物也会产生药害。

3. 除草剂的作用机制

① 抑制光合作用；② 破坏植物的呼吸作用；③ 抑制植物的生物合成；④ 干扰植物激素的平衡；⑤ 抑制微管与组织发育。

4. 除草剂的主要种类

① 芽前封闭类除草剂作用特点：幼芽或幼根吸收。

代表：酰胺类除草剂，硫代氨基甲酸酯类。主要是抑制脂肪酸的生物合成。乙草胺、二甲戊乐灵。

② 酰胺类除草剂是一类发展快、除草效果高的新型除草剂，具有举足轻重的地位。该类除草剂目前全世界共有 53 个品种，中国登记了 17 个品种。

代表：甲草胺、乙草胺（活性最高、价位很低、产量最大 ）、异丙甲草胺（价高活性低安全）、敌草胺（价高是乙草胺的 2 倍，活性比乙草胺低 1 倍主要用在蔬菜上安全）、敌稗 。

③ 二硝基苯胺类除草剂比酰胺类除草剂早。

代表：氟乐灵、地乐胺、二甲戊乐灵。

喷药后要混土。

④ 均三氮苯类除草剂国内登记的品种有 9 个。

代表：莠去津（效果好、价位很低、生产较早、产量较大）；扑草净（老品种，封闭效果好，耐雨水，适用作物广泛，大豆、花生、玉米、小麦等都行）；莠灭净（活性最高，价位高有残留，对玉米有药害，目前主要用在甘蔗田里）；与酰胺类除草剂相反，施药后怕下雨，易污染地下水。

⑤ 二苯醚类除草剂：

代表：乙氧氟草醚：芽前替代除草醚；三氟羧草醚：茎叶处理；乳氟禾草灵：茎叶处理。

乙羧氟草醚：活性高、价位低，10%EC10～20 毫升茎叶处理对大豆、花生田泽漆效果好。

思　考　题

1. 农药的配制考核。

某科技园有桃树 1500 株，每株需喷 2000 倍液的 10%吡虫啉 WP 2000 倍 20 千克，问防治桃树蚜虫 3 次，需用多少千克的农药？每小袋净重 10 克，需购买 10%吡虫啉 WP 多少袋？

用药量=20×1500×3÷2000

用药袋数=用药量（千克）×1000÷10

2. 选购农药时，如何正确识别真假农药？

3. 农药施药方法种类很多，按农药的剂型和处理方式可以将农药哪几种类型？各种类型的特点是什么？

4. 把 50%氧化乐果配制成 1500 倍液 25 千克，需多少克该药？

答：A：25 千克相当于 25×1000=25000 克；B：需要药量（假设为 K）为：25000=K×1500　K=16.7 克　计算公式为：稀释后药量=原药重×稀释倍数

5. 用 50%杀螟硫磷乳油配制成母液防治水稻螟虫，要求喷枪的喷雾的喷雾液稀释倍数为 1∶1000，已知喷枪喷雾量为 0.48 千克/秒，混药器吸母液量为 0.048 千克/秒，问母液稀释倍数应是多少？答：由题意得 A=0.48（千克/秒）B=0.048（千克/

秒），C=1000

M=(BC/A)−1=100−1=99

母液稀释倍数为1∶99，即1千克的药对99千克的水。

6. 背负式喷雾喷粉机喷雾作业操作流程是什么？喷粉作业使用操作是什么？

7. 常温烟雾机施药的特点有哪些？

8. 杀虫剂的选择与使用原则是什么？

9. 简述除草剂的使用原则与注意事项。

10. 简述中毒后的救治措施。

实训任务 农药标签的识读和稀释计算、石硫合剂熬制

【任务描述】北京某梨园近两年梨木虱发生较重，基地工人请求对该虫技术上指导，专家或老师推荐萌芽前使用人工熬制石硫合剂，萌芽后使用阿维菌素，请选购阿维菌素类农药，并用该类药对梨木虱进行防治及药效试验。

【任务要求】 通过本工作任务的学习，查阅相关的文献资料，观看相关视频资料和PPT，掌握农药标签识读方法；能正确配制药液、毒土；能正确使用主要类型药械进行施药，并对掌握简单器械的维护与使用方法；掌握伪劣农药识别技巧。

【任务实施】子任务1 农药标签的识读和稀释计算。

（一）相关材料工具

1. 材料：杀虫剂、杀菌剂、被害植物、农药标签；

2. 工具：放大镜、挑针、镊子、酒精瓶、自制毒瓶、手套、口罩、工作服。

（二）工作流程

决策（分析任务，制定防治方案）—计划（准备药品、和工具）—实施（防治方法具体操作）—检查（防治效果调查）—评价。

（1）资讯（获取任务）获取任务。

（2）通过现场调查，分析任务，各组根据危害状和害虫特征确定农药种类。

（3）根据害虫种类制定防治方案，并依下面所给农药标签进行稀释计算，填写表格。

（4）对该任务进行计划和准备，如领取工具或购买药品。

（5）打药。

（6）防治效果调查。

为防治梨木虱说明书算出配制2000倍此药15千克药液所需用药量。并填入表4-1。

表 4-1　农药的配制考核表（满分 10 分）

项目序号	考核内容	标准分（分）	实际得分（分）
1	根据说明书正确写出下列各项		
	药剂名称	1	
	剂型	1	
	毒性	1	
	颜色标志带		
	稀释倍数	1	
2	计算 15 千克药液正确需药量	6	
合 计		10	

【任务实施】子任务 2　石硫合剂熬制。

（一）相关材料工具

1. 材料：石灰、硫黄、被害植物、农药标签；

2. 工具：放大镜、挑针、镊子、酒精瓶、自制毒瓶、手套、口罩、工作服。

（二）工作流程

（1）资讯（获取任务）获取任务。

（2）通过现场调查，分析任务。

（3）根据制订实施方案。

（4）对该任务进行计划和准备，如领取工具或购买药品。

（5）石硫合剂熬制。

熬制工作流程：

称量 ⟶ 锅内加水、调硫黄糊 ⟶ 硫黄糊倒入锅中 ⟶ 加石灰块搅拌 ⟶ 熬毕过滤 ⟶ 测原液浓度 ⟶ 稀释 ⟶ 喷施

（6）石硫合剂质量检验及评价（见表 4-2）。

表 4-2　石硫合剂质量检验及评价

实训项目名称	考核内容	考核标准	标准分值	实际得分	综合评价	考核教师
石硫合剂熬制技术	石硫合剂原料成分	能知道石硫合剂原料成分	10			
	石硫合剂原料配比	能够正确按照规定配比量取	10			
	石硫合剂熬制方法	能够正确按照石硫合剂熬制程序操作	60			
	原液浓度测定	用比重计量出原液浓度	10			
	稀释倍数计算	能够正确计算稀释的倍数	10			
			100			

说明：①考核时应按组进行。②表中综合评价一项分优秀、及格和不及格三个等级；每个考核项目满分值为 100 分，得分在 90 分以上为优秀、60～89 及格、59 分以下为不及格，不及格者重新操作练习，再进行考核。

附录　无公害蔬菜、大田作物及果树生产常用农药及其防治对象

农药名称	别名	制剂	防治对象
		有机磷类杀虫剂	
乙酰甲胺磷	高灭磷、杀虫磷	30%、40%乳油	菜青虫、小菜蛾、蚜虫
马拉硫磷	马拉松	45%乳油	菜青虫、黄曲条跳甲、蚜虫
辛硫磷	—	45%、50%乳油	菜青虫、棉铃虫、蓟马、烟青虫、蚜虫、粉虱等；蛴螬、金针虫、小地老虎等地下害虫
毒死蜱	乐斯本、氯吡硫磷	40.7 乐斯本乳油、14%杀死虫蓝珠颗粒剂、48%毒死蜱乳油	菜青虫、小菜蛾、豆荚螟、红蜘蛛、小地老虎、蝼蛄、跳甲、根蛆
敌百虫	—	80%可溶性粉剂、80%晶体	菜青虫、小菜蛾、小地老虎、蝼蛄、夜蛾
敌敌畏	DDVP	80%乳油、50%油剂	菜青虫、小菜蛾、蚜虫、斜纹夜蛾、黄曲条跳甲、菜螟、红蜘蛛
喹硫磷	爱卡士、喹恶磷、喹恶硫磷	25%乳油	菜青虫、斜纹夜蛾、害螨等
乐果	—	40%、50%乳油	蚜虫、茄红蜘蛛、葱蓟马、潜叶蝇
		拟除虫菊酯类杀虫剂	
溴氰菊酯	敌杀死、凯素灵、凯宝安	2.5%敌杀死乳油、2.5%敌杀死片剂、2.5%敌杀死可湿性粉剂、20%敌杀死片剂	菜青虫、斜纹夜蛾、小菜蛾、黄守瓜、黄曲条跳甲、豆野螟
三氟氯氰菊酯	功夫、绿色功夫	2.5%功夫乳油	蚜虫、菜青虫、小菜蛾、茶黄螨等
顺式氯氰菊酯	高效安绿宝、高效灭百可、快杀敌、棚虫清、百事达、奋斗呐	5%乳油、10%乳油、2%烟剂	蚜虫、菜青虫、小菜蛾、地下害虫
氟氯氰菊酯	百树菊酯、百树得	5.7%乳油	蚜虫、菜青虫、蝼蛄、小地老虎

续表

农药名称	别名	制剂	防治对象
甲氰菊酯	灭扫利	20%乳油	小菜蛾、菜青虫、茄红蜘蛛、草莓叶螨、温室白粉虱等
联苯菊酯	天王星、虫螨灵、脱螨达	2.5%、10%天王星乳油	鳞翅目害虫及粉虱、蚜虫、潜叶蝇、叶螨等
氰戊菊酯	速灭杀丁、杀灭菊酯、中西杀灭菊酯、敌虫菊酯、异戊氰菊酯	20%氰戊菊酯乳油	蚜虫、菜青虫、豆荚螟、小菜蛾等
氯氰菊酯	安绿宝、灭百可、赛波凯、兴棉宝、搏杀特等	5%、10%、25%氯氰菊酯乳油	菜青虫、地下害虫
醚菊酯	多来宝	10%多来宝悬浮剂	菜青虫、小菜蛾、甜菜夜蛾、菜蚜等
氨基甲酸酯类杀虫剂			
硫双威	拉维因、硫双灭多威、双灭多威	75%拉维因可湿性粉剂	菜青虫、小菜蛾、棉铃虫、斜纹夜蛾
抗蚜威	辟蚜雾、蚜螨特	50%辟蚜雾可湿性粉剂	萝卜蚜、甘蓝蚜、桃蚜
甲萘威	西维因、胺甲萘	25%西维因可湿性粉剂	菜青虫、蚜虫、鳞翅目害虫
沙蚕毒素类沙虫剂			
杀虫单	—	90%可溶性原粉、80%可溶性粉剂	菜青虫、小菜蛾、潜叶蝇、豆荚螟、小地老虎
杀虫安	虫杀手	20%水剂、50%和 78%可溶性粉剂	菜青虫、小菜蛾、蚜虫、潜叶蝇
杀虫双	—	18%水剂	菜青虫、小菜蛾、螟虫
昆虫生长调节剂类杀虫剂			
抑太保	定虫隆、抑杀净	5%抑太保乳油	小菜蛾、菜青虫、斜纹夜蛾、甜菜夜蛾、豆野螟
米满	—	20%悬浮剂	甜菜夜蛾、斜纹夜蛾、菜青虫等鳞翅目幼虫
除虫脲	敌灭灵	20%除虫脲悬浮剂	菜青虫、小菜蛾、菜螟、甜菜夜蛾、斜纹夜蛾、螟虫等
噻嗪酮	—	扑虱灵、优乐得、稻虱净	飞虱、粉虱
抑食肼	虫死净	20%抑食肼可湿性粉剂、20%抑食肼悬浮剂	菜青虫、斜纹夜蛾、小菜蛾、甜菜夜蛾

续表

农药名称	别名	制剂	防治对象
灭幼脲	灭幼脲3号、苏脲1号	25%灭幼脲悬浮剂、25%灭幼脲3号乳油	小菜蛾、菜青虫等鳞翅目害虫、美洲斑潜蝇等
生物类杀虫剂			
苏云金杆菌	Bt、苏特灵、敌宝、快来顺、康多惠、先力、都来施、比尼Bt、菌杀敌	苏云金杆菌乳剂（100亿个孢子/毫升）、苏云金杆菌可湿性粉剂（100亿个孢子/克）	菜青虫、小菜蛾、菜螟、二化螟等
阿维菌素	齐螨素、虫螨光、爱福丁、害极灭、农家乐、除虫菌素、爱力螨克、虫螨克、农哈哈、阿巴丁、强棒、虫螨杀星等	1.8%、1%、0.9%、0.5%和0.3%乳油	红蜘蛛、茶黄螨、小菜蛾、菜青虫、豆野螟、斑潜蝇等
菜喜	—	2.5%悬浮剂	小菜蛾、蓟马、菜青虫等
其他类杀虫剂			
吡虫啉	蚜虱净、大功臣、一遍净、康福多、咪蚜胺、扑虱蚜、比丹、必林、艾美乐	10%、25%吡虫啉可湿性粉剂、20%浓溶剂、5%乳油、70%水分散粒剂	蚜虫、蓟马、潜叶蝇、粉虱、飞虱、叶蝉
锐劲特	氟虫腈	5%、20%、50%锐劲特浓悬浮剂，0.3%颗粒剂，1%、2%、2.5%种子处理剂	小菜蛾、棉铃虫、菜青虫、蓟马、菜螟、玉米螟、飞虱、二化螟，小地老虎、蝼蛄等地下害虫
除尽	虫螨腈	10%除尽悬浮剂	甜菜夜蛾、斜纹夜蛾、银纹夜蛾、小菜蛾、菜青虫、菜螟、蚜虫、蓟马、叶螨等
啶虫脒	莫比朗	3%乳油	蚜虫、棉铃虫、白粉虱、菜青虫、小菜蛾等
矿物油	机油乳剂、敌死虫	99.1%敌死虫乳油	螨类、蚜虫、蓟马、白粉虱等
农地乐	—	52.25%乳油	豆荚螟、斑潜蝇、甜菜夜蛾、斜纹夜蛾、蚜虫等
杀软体动物剂	—	—	—
四聚乙醛	密达、梅塔、蜗牛敌、灭蜗灵等	6%颗粒剂	蜗牛、蛞蝓
杀螺胺	百螺杀、贝螺杀、氯螺消	—	蜗牛、蛞蝓
甲硫威	灭旱螺、灭梭威、灭虫威、灭赐克	—	蜗牛、蛞蝓

续表

农药名称	别名	制剂	防治对象
无机杀菌剂			
波尔多液	—	现配	霜霉病、炭疽病、绵疫病、猝倒病等
铜铵合剂	—	自配	茄果类根（茎）部病害、青枯病、猝倒病
氢氧化铜	可杀得、冠菌铜	77%可杀得可湿性粉剂、53.8%可杀得 2000 型干悬浮剂	同波尔多液
氧化亚铜	靠山、铜大师	56%靠山水分散粒剂	疫病、霜霉病、软腐病、青枯病
必备	—	80%必备可湿性粉剂	霜霉病、疫病、炭疽病等
石硫合剂	—	29%水剂，45%固体制剂，20%、45%晶体	白粉病、红蜘蛛
有机硫杀菌剂			
代森锌	—	60%、65%、80%代森锌可湿性粉剂，4%代森锌粉剂	霜霉病、晚疫病、绵疫病、炭疽病、早疫病、叶霉病等
代森锰锌	大生、大生富、新大生、猛飞灵、喷克、新万生、汉生、大丰、山德生、速克净、百乐、锌锰乃浦	50%、70%、80%可湿性粉剂，40%悬浮剂	早疫病、晚疫病、叶霉病、炭疽病等
代森铵	阿巴姆	45%、50%代森铵水剂	炭疽病、枯萎病、白粉病、疫病等
福美双	阿脱生、赛欧散、秋蓝姆、TMTD	50%、70%可湿性粉剂	立枯病、猝倒病、灰霉病、白粉病、晚疫病、炭疽病等
有机磷杀菌剂			
乙磷铝	霉疫净、疫霉灵、疫霜灵、克霉灵、三乙膦酸铝	40%、80%、90%可湿性粉剂	霜霉病、疫病、猝倒病、晚疫病、绵疫病
甲基立枯磷	利克菌、立枯灭、甲基立枯灵	50%可湿性粉剂，20%乳油，25%胶悬剂，5%、10%、20%粉剂	立枯病、菌核病、白绢病
取代苯类杀菌剂			
百菌清	达科宁、大克灵、泰克、打克尼太、四氯异苯腈、克劳优、霉必清、桑瓦特、顺天星 1 号	75%可湿性粉剂，50%烟雾片剂，40%胶悬剂，10%乳油，10%油剂，2.5%、10%、20%烟剂	霜霉病、疫病、灰霉病、炭疽病、锈病等

续表

农药名称	别名	制剂	防治对象
敌磺钠	敌克松、地克松、的克松、地爽、枯萎特	50%、70%可湿性粉剂，2.5%粉剂，5%颗粒剂，75%、90%可溶性粉剂，55%膏剂	猝倒病、立枯病、枯萎病、根腐病
甲基托布津	甲基硫菌灵	50%、70%可湿性粉剂，10%乳油，50%胶悬剂，36%悬浮剂	炭疽病、白粉病、灰霉病、菌核病、枯萎病、叶霉病、黄萎病等
唑类杀菌剂			
粉锈宁	三唑酮、百理通	15%、25%可湿性粉剂，20%乳油，20%乳剂，15%烟雾剂	白粉病、锈病、白绢病
好力克	戊唑醇、富力库	43%好力克悬浮剂	白粉病、炭疽病、灰霉病
世高	苯醚甲环唑	10%水分散粒剂	白粉病、炭疽病等
多菌灵	苯并咪唑44号、棉萎灵、棉萎丹、保卫田	25%、40%、50%、80%可湿性粉剂，40%悬浮剂	炭疽病、白粉病、灰霉病、菌核病、枯萎病、叶霉病、黄萎病等
恶霉灵	土菌消、立枯灵、绿亨1号	70%土菌消（恶霉灵）可湿性粉剂，30%土菌消（恶霉灵）液剂，绿亨1号（≥95%恶霉灵精品）粉剂	枯萎病、根腐病、黄萎病、猝倒病、立枯病、菌核病、疫病等土壤传染病害
特克多	噻菌灵、涕必灵	45%悬浮剂，20%烟剂	灰霉病、白粉病、菌核病、炭疽病、枯萎病、根腐病等
福星	氟硅唑、新星	40%福星乳油	白粉病、早疫病、叶霉病、锈病等
抗菌素类杀菌剂			
井冈霉素	—	3%、5%水剂，2%、3%、5%、12%、15%、17%水溶性粉剂，0.33%粉剂	立枯病、白绢病
多抗霉素	多氧霉素、宝丽安、宝利霉素等	1.5%、2%、3%可湿性粉剂	白粉病、霜霉病、枯萎病等
农用链霉素	溃枯宁	0.1%～8.5%粉剂，15%～20%可湿性粉剂，72%可溶性粉剂	软腐病、青枯病、疮痂病等细菌性病害
新植霉素	—	100万单位粉剂	软腐病、黑腐病

续表

农药名称	别名	制剂	防治对象
其他类杀菌剂			
异菌脲	扑海因、异菌咪等	50%可湿性粉剂，25%悬浮剂	立枯病、早疫病、灰霉病、白绢病等
施佳乐	—	40%悬浮剂	灰霉病及早疫病、叶霉病等
腐霉利	速克灵、扑灭宁、二甲菌核利、杀霉利	50%可湿性粉剂，10%、15%、20%烟剂，5%粉尘剂	灰霉病、菌核病、早疫病等
菌核净	环丙胺、纹枯利	40%可湿性粉剂	菌核病、灰霉病
福尔马林	甲醛	40%水溶液	针对真菌性病害的消毒剂
高锰酸钾	—	99.3%晶体	常作消毒剂
甲霜灵	瑞毒霉、雷多米尔、甲霜安、阿普隆	5%、25%、58%可湿性粉剂，5%颗粒剂，35%拌种剂	霜霉病、疫病、晚疫病、绵疫病等
霜霉威	普力克	66.5%、72.2%普力克水剂	霜霉病、疫病、猝倒病、晚疫病、绵疫病
络氨铜	瑞枯霉、消病灵、胶氨铜等	14%、15%、23%、25%水剂	立枯病、炭疽病、枯萎病、霜霉病、疫病等
克菌丹	开普顿	50%可湿性粉剂	霜霉病、白粉病、炭疽病及苗期病害
复配杀菌剂			
灭病威	多硫悬浮剂	40%悬浮剂	白粉病、菌核病、炭疽病、灰霉病等
双效灵	混合氨基酸铜络合物	10%水剂	枯萎病、黄萎病、疫病、白粉病、霜霉病
杀毒矾	杀毒矾 M8	64%可湿性粉剂	疫病、猝倒病
甲霜灵·锰锌	瑞毒霉·锰锌、雷多米尔·锰锌	58%可湿性粉剂	霜霉病、疫病等
克露	霜脲锰锌、克抗灵、霜脲氰·代森锰锌	72%可湿性粉剂	霜霉病、疫病、猝倒病
安克锰锌	烯酰吗啉代森锰锌	69%可湿性粉剂、69%水分散粒剂	霜霉病、疫病、晚疫病、绵疫病
拌种灵·锰锌	湘研植宝素	20%可湿性粉剂	辣椒叶部病害
甲基硫菌灵·锰锌	湘研植病灵	20%可湿性粉剂	辣椒疫病、炭疽病

续表

农药名称	别名	制剂	防治对象
植病灵	三十烷醇+硫酸铜+十二烷硫酸钠	1.5%植病灵乳剂	病毒病
琥胶肥酸铜	DT、二元酸铜、琥珀酸铜	30%胶悬剂，30%可湿性粉剂	疮痂病、黄萎病、晚疫病、炭疽病、白粉病、霜霉病
科搏	—	78%可湿性粉剂	褐纹病、早疫病、晚疫病、炭疽病等
甲霜铜	—	40%、50%可湿性粉剂	黄萎病、辣椒疫病
炭疽福美	锌双合剂	80%可湿性粉剂，40%胶悬剂	炭疽病、霜霉病、疫病、白粉病
盐酸吗啉胍·铜	病毒 A、毒克星	20%病毒 A 可湿性粉剂	病毒病（花叶型、蕨叶型）
加瑞农	春雷氧氯铜	47%、50%可湿性粉剂	炭疽病、白粉病、早疫病、霜霉病等
多霉灵	多·霉威	50%可湿性粉剂	灰霉病、菌核病
甲霉灵	硫菌·霉威、克得灵	65%可湿性粉剂，6.5 粉尘剂	灰霉病、菌核病
利得	异菌·福	50%利得可湿性粉剂	灰霉病、菌核病、炭疽病、早疫病等
绿亨二号	多·福·锌	80%可湿性粉剂	土传病害
杀螨剂			
三唑锡	倍乐霸、三唑环锡	25%可湿性粉剂	红蜘蛛
克螨特	丙炔螨特	73%克螨特乳油	红蜘蛛、茶黄螨
速螨酮	哒螨净、哒螨酮、灭螨灵、牵牛星、扫螨净	15%哒螨灵乳油，20%速螨酮可湿性粉剂	红蜘蛛、粉虱、蚜虫、蓟马等
溴螨酯	螨代治	50%螨代治乳油	红蜘蛛、茶黄螨
卡死克	WL115110	5%卡死克乳油	小菜蛾、菜青虫、豆荚螟、红蜘蛛、黄蜘蛛
杀线虫剂			
棉隆	必速灭	75%可湿性粉剂，85%粉剂，98~100%必速灭微粒剂	根结线虫病、黄瓜枯萎病、立枯病及其他土传病害
二氯异丙醚	—	80%乳油	线虫病
溴甲烷	溴代甲烷、一溴甲烷、甲基烷、溴灭泰	—	—

续表

农药名称	别名	制剂	防治对象
除草剂			
甲草胺	灭草胺、拉索、拉草、杂草锁、草不绿、澳特拉索	乙草胺	禾耐斯、消草胺、刈草安、乙基乙草安
仲丁灵	双丁乐灵、地乐胺、丁乐灵、止芽素、比达宁、硝基苯胺灵	氟乐灵	茄科灵、特氟力、氟利克、特福力、氟特力
稀禾定	拿捕净、乙草丁、硫乙草灭	—	—
扑草净	扑灭通、扑蔓尽、割草佳	二甲戊灵	施田补、除草通、杀草通、除芽通、胺硝草、硝苯胺灵、二甲戊乐灵
嗪草酮	赛克、立克除、赛克津、赛克嗪、特丁嗪、甲草嗪、草除净、灭必净	草甘膦	农达、镇草宁、草克灵、奔达、春多多、甘氨磷、嘉磷塞、可灵达、农民乐、时拨克
禾草丹	杀草丹、灭草丹、草达灭、除草莠、杀丹、稻草完	喹禾灵	禾草克、盖草灵、快伏草
植物生长调节剂			
萘乙酸	A-萘乙酸、NAA	赤霉素	赤霉酸、奇宝、九二〇、GA3
2，4-滴	2，4-D、2，4-二氯苯氧乙酸	乙烯利	乙烯灵、乙烯磷、一试灵、益收生长素、玉米健壮素、2-氯乙基膦酸、CEPA、艾斯勒尔
矮壮素	三西、西西西、CCC、稻麦立、氯化氯代胆碱	丁酰肼	比久、调节剂九九五、二甲基琥珀酰肼、B9、B-995
甲哌鎓	缩节胺、甲哌啶、助壮素、调节啶、健壮素、缩节灵、壮棉素、棉壮素	多效唑	氯丁唑

参考文献

[1] 北京农业大学．农业植物病理学（第二版）[M]．北京：中国农业出版社，1991．

[2] 北京农业大学．昆虫学通论（第二版）[M]．北京：中国农业出版社，1990．

[3] 彩万志，庞雄飞，等．普通昆虫学[M]．北京：中国农业大学出版社，2001．

[4] 程陈策．苹果果实轮纹病研究进展[J]．植物病理学报，1999．29（3）：193-198．

[5] 陈利锋，徐敬友．农业植物病理学（南方本）[M]．北京：中国农业出版社，2001．

[6] 陈汉杰．果树植保员培训教材（北方本）[M]．北京：金盾出版社出版，2008．

[7] 陈生斗，胡伯海，等．中国植物保护五十年[M]．北京：中国农业出版社，2003．

[8] 程家安，唐振华，等．昆虫分子科学[M]．北京：科学出版社，2001．

[9] 邓国藩，王慧芙，忻六介，等．中国蜱螨概要[M]．北京：科学出版社，1989．

[10] 丁锦华，苏建亚，等．农业昆虫学（南方本）[M]．北京：中国农业出版社，2002．

[11] 方中达．中国农业百科全书（植物病理学卷）[M]．北京：中国农业出版社，1996．

[12] 方中达．植病研究方法（第三版）[M]．北京：中国农业出版社，1998．

[13] 费显伟．园艺植物病虫害防治[M]．北京：高等教育出版社，2006．

[14] 冯明祥，窦连登．李杏樱桃病虫害防治[M]．北京：金盾出版社，1995．

[15] 管致和．植物医学导论[M]．北京：中国农业大学出版社，1996．

[16] 韩召军，徐志宏，等．园艺昆虫学[M]．北京：中国农业大学出版社，2001．

[17] 韩召军．植物保护学通论[M]．北京：高等教育出版社，2001．

[18] 洪健，李德葆，周雪平，等．植物病毒分类图谱[M]．北京：科学出版社，2001．

[19] 黄宏英，程亚樵，等编．园艺植物保护概论[M]．中国农业出版社，2006．

[20] 侯明生．农业植物病害防治[M]．武汉：湖北科学技术出版社，1998．

[21] 胡萃，朱俊庆，叶恭银，洪健，等．茶尺蠖[M]．上海：上海科学技术出版社，1992．

[22] 江西大学．中国农业螨类[M]．上海：上海科学技术出版社，1984．

[23] 匡海源．农螨学[M]．北京：中国农业出版社，1986．

[24] 雷朝亮，荣秀兰，等．普通昆虫学[M]．北京：中国农业出版社，2003．

[25] 李怀方，等．园艺植物病理学[M]．北京：中国农业大学出版社，2001．

[26] 陆家云．植物病害诊断（第二版）[M]．北京：中国农业出版社，1997．

[27] 吕佩珂，等．中国果树病虫原色图谱[M]．北京：华夏出版社，1993．

[28] 吕佩珂，李明远，等．中国蔬菜病虫原色图谱[M]．北京：中国农业出版社，1992．

[29] 刘民乾，张俊丽，等．果树植保员培训教程[M]．北京：中国农业科学技术出版社，2011．

[30] 人力资源和社会保障部，新疆生产建设兵团，等．农作物植保员（初级）[M]．北京：中国劳动社会保障出版社，2009．

[31] 人力资源和社会保障部，新疆生产建设兵团，等．农作物植保员（中级）[M]．北京：中国劳动社会保障出版社，2009．

[32] 王晓梅．安全果蔬菜保护[M]．中国环境科学出版社，2006．

[33] 徐公天．园林植物病虫害防治原色图谱[M]．北京：中国农业出版社，2003．
[34] 张红燕，石明杰，等．园艺作物病虫害防治[M]．中国农业大学出版社，2009．
[35] 张随榜．园林植物保护[M]．北京：中国农业出版社，2001．
[36] 赵奎华主编．葡萄病虫害原色图鉴[M]．北京：中国农业出版社，2006．
[37] 张元恩．蔬菜植保员培训教材（北方本）[M]．北京：金盾出版社，2008．